普通高等教育通识课系列教材

大学计算机信息素养

主　编　赵满旭　李　霞

副主编　张盼盼　郝蕊洁　万小红

　　　　杨武俊　程　妮

主　审　王春红

西安电子科技大学出版社

内 容 简 介

本书依据教育部高等学校大学计算机基础课程教学指导委员会发布的《大学计算机基础课程教学基本要求》组织编写，除了传统计算机基础知识外，还介绍了 IT 新技术，主要内容有计算机概述、计算机系统、操作系统、计算机网络、信息安全、大数据与云计算、区块链、物联网和人工智能等。

本书内容全面，结构合理，通俗易懂，着重相关概念和知识的介绍，具体的相关操作及知识技能在配套的《大学计算机信息素养实践教程》(西安电子科技大学出版社，2021 年 12 月)中讲述。

本书可作为高等学校非计算机专业计算机通识教育的教材使用。

图书在版编目(CIP)数据

大学计算机信息素养 / 赵满旭，李霞主编. —西安：西安电子科技大学出版社，2022.2
(2024.1 重印)
ISBN 978–7–5606–6344–9

Ⅰ.① 大…　Ⅱ.① 赵…　② 李…　Ⅲ.① 电子计算机—高等学校—教材　Ⅳ.① TP3

中国版本图书馆 CIP 数据核字(2022)第 005885 号

策　　划　杨丕勇
责任编辑　杨丕勇
出版发行　西安电子科技大学出版社(西安市太白南路 2 号)
电　　话　(029) 88202421　88201467　　　　邮　　编　710071
网　　址　www.xduph.com　　　　　　　　电子邮箱　xdupfxb001@163.com
经　　销　新华书店
印刷单位　西安日报社印务中心
版　　次　2022 年 2 月第 1 版　　2024 年 1 月第 5 次印刷
开　　本　787 毫米×1092 毫米　1/16　印张 11.5
字　　数　266 千字
定　　价　34.00 元
ISBN　978–7–5606–6344–9 / TP
XDUP 6646001–5
***如有印装问题可调换

前　　言

近年来，随着科学技术的发展，信息技术教育已经走进中小学课堂，使学生进入大学时信息素养的起点愈来愈高。这就给针对非计算机专业的大学生所开设的大学计算机信息素养课程带来了新的挑战。传统的教学内容已经不能满足新时代大学生信息素养和信息能力培养的需求，在数字化、智能化、"互联网+"和大数据高速发展的新时代，如何培养学生具有扎实的信息技术基本知识，掌握未来IT科技创新的新动向、新方法，已成为当前非计算机专业大学生计算机信息素养教学的新课题。为了适应这一需求，本书编者依据教育部高等学校大学计算机基础课程教学指导委员会发布的《大学计算机基础课程教学基本要求》编写了本书。

本书编者都是长期从事计算机基础教学的骨干教师，具有丰富的计算机基础课程教学经验。在本书编写之前，对本校学生进行了访谈并对其他兄弟院校进行了调研，进一步加深了对学生和教学现状的了解；在此基础上经过多次深入研讨，梳理了新形势下对大学生信息素养和信息能力的要求，最终确定了本书的主题和知识结构。

本书选材精练，结构合理，内容新颖，力求通俗易懂，以浅显的方式讲述深奥的理论；同时编写了配套教材《大学计算机信息素养实践教程》，将本书涉及的理论知识通过精心设计的任务内容付诸实践，以达到理论和实践相结合的目的。

本书共9章，主要内容如下：

第1章为计算机概述，由郝蕊洁编写，主要介绍计算机的特点、发展过程和发展趋势，信息在计算机中的表示以及计算思维。

第2章为计算机系统，由程妮编写，主要介绍计算机的体系结构和基本工作原理，重点介绍计算机的硬件系统和软件系统。

第 3 章为操作系统,由郝蕊洁编写,主要介绍操作系统的概念及主要功能,并介绍操作系统的发展历程和当前主流的操作系统。

第 4 章为计算机网络,由万小红编写,主要对计算机网络进行概述,介绍计算机网络协议和体系结构、网络系统的组成和 Internet 技术。

第 5 章为信息安全,由杨武俊编写,主要介绍信息安全的概念及主要特点,分析信息系统所面临的攻击及防护措施,并介绍个人网络信息安全策略。

第 6 章为大数据与云计算,由赵满旭编写,主要介绍大数据的发展历程、概念及特点,大数据主要技术和典型应用案例;云计算的概念、部署模式和服务模式,以及云计算的关键技术、云计算数据中心及其应用;并分析大数据、云计算和物联网三者之间的区别与联系。

第 7 章为区块链技术,由张盼盼编写,主要对区块链技术进行简述,介绍区块链关键技术、特性和区块链的相关应用。

第 8 章为物联网,由赵满旭、李霞共同编写,主要介绍物联网的概念、主要特点、起源及发展,阐述物联网与互联网、泛在网的关系,物联网的系统结构和关键技术,最后介绍物联网的应用。

第 9 章为人工智能,由张盼盼编写,主要对人工智能进行概述,介绍人工智能的基本概念、研究领域及方向,重点介绍机器学习及 KNN 算法,以及人工智能领域的典型应用。

本书在编写过程中查阅了相关文献和网站,谨向相关作者表示感谢。

由于编者水平有限,书中难免有疏漏和不妥之处,欢迎广大读者批评指正。

编　者

2021 年 7 月

目　录

第 1 章　计算机概述

 本章概述

　　计算机是 20 世纪人类最伟大的发明之一，计算机技术也是发展最快的技术。微型计算机的出现和计算机网络的发展，使得计算机技术得以进入到社会生活的各个领域。掌握和使用计算机已成为人们生活和工作中必不可少的基本技能。本章主要介绍计算机的基础知识、信息在计算机中的表示以及计算思维。

 学习目标

　➢ **知识目标**

　◇ 了解计算机的发展历程；

　◇ 了解计算机的特点、应用和发展趋势；

　◇ 了解数字编码和字符编码；

　◇ 了解计算思维；

　◇ 掌握计算机中的数制及其之间的转换。

　➢ **能力目标**

　◇ 能够描述计算机的应用和发展；

　◇ 能够进行数制之间的转换；

　◇ 能够从宏观角度了解计算机基础知识；

　◇ 能够用计算思维求解问题。

　➢ **素质目标**

　◇ 培养科学的认知理念和认知方法；

　◇ 培养实事求是、勇于实践的学习态度。

知识导图

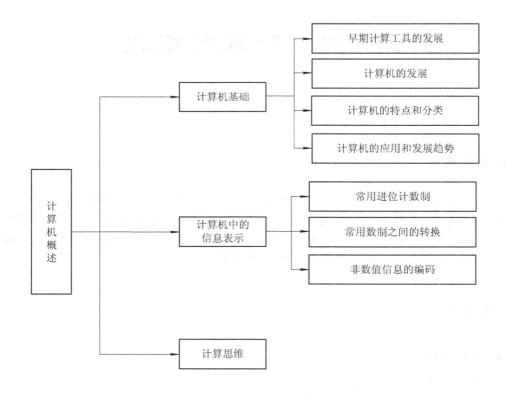

1.1　计算机基础

计算机的出现是 20 世纪最卓越、最伟大的成就之一，计算机的广泛应用极大地促进了生产力的发展。从最古老的"结绳记事"、手指计算，到利用算盘、计算尺、差分机等工具进行计算，再到世界上第一台电子计算机诞生，可以说自古以来，人类就在不断地发明和改进计算工具。总的来说，迄今为止，计算工具经历了从简单到复杂、从低级到高级、从手动到自动的发展过程。回顾早期计算工具和计算机的发展历史，我们从中可以得到许多启示。

1.1.1　早期计算工具的发展

人类最初的计算工具是人的双手手指。人有两只手、十根手指，所以，自然而然地就习惯用手指记数并采用十进制记数法。用手指进行计算虽然很方便，但是毕竟计算范围有限，而且计算结果也无法保存。于是，人们又用绳子、石子等作为计算工具，从而延长了手指的计算能力。例如，我国古书中记载有"上古结绳而治"，拉丁文"Calculus"的本意是用于计算的小石子。

在人造计算工具中，最早的当属算筹，如图 1-1 所示。我国古代劳动人民最先创造和使用了这种简单的计算工具。现在已经无法考证算筹最早出现的时间，但在春秋战国时期，算筹已经使用得非常普遍了。

图 1-1　算筹

计算工具发展史上的第一次重大改革是算盘，如图 1-2 所示。算盘是公认的最早使用的计算工具，也是我国古代劳动人民最先发明和使用的。算盘采用的是十进制计数法，能够进行基本的算术运算，运算时有一整套计算口诀，例如"三下五除二"等。

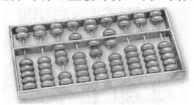

图 1-2　算盘

1621 年，英国数学家威廉·奥特雷德(William Qughtred)根据对数原理发明了圆形计算尺，也称对数计算尺。对数计算尺的设计原理是：在两个圆盘的边缘标注对数刻度，然后让它们相对转动，就可以基于对数原理用加减运算来实现乘除运算。

1.1.2　计算机的发展

计算机的发展经历了机械式计算机、机电式计算机和电子计算机三个阶段。

1. 机械式计算机

17 世纪，欧洲出现了利用齿轮技术的计算工具。1642 年，法国数学家布莱士·帕斯卡(Blaise Pascal)发明了人类历史上第一台机械式计算工具——帕斯卡加法器，如图 1-3 所示。帕斯卡加法器的原理对后来的计算机设计产生了非常大的影响。

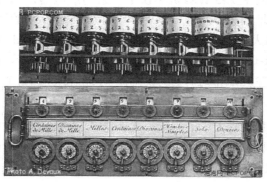

图 1-3　帕斯卡加法器

1673 年，德国数学家戈特弗里德·威廉·莱布尼茨(Gottfried Wilhelm Leibniz)研制了一台机械式计算器，这台计算器能进行加减乘除四则运算，也称为莱布尼茨四则运算器。这台计算器在进行乘法运算时采用进位-加(shift-add)的方法，这种方法后来演化为被现代计算机采用的二进制。现代计算机采用二进制进行数据的存储和处理。

1822 年，查尔斯·巴贝奇(Charles Babbage)开始研制差分机，专门用于航海和天文计算。这是最早采用寄存器来存储数据的计算工具，体现了早期程序设计思想的萌芽，标志着计算工具从手动机械时代进入了自动机械时代。巴贝奇差分机如图 1-4 所示。后来，巴贝奇又开始研究分析机。分析机是现代程序控制方式计算机的雏形，其设计理论非常超前，但因当时技术条件的局限而未能实现。

图 1-4   巴贝奇差分机

2. 机电式计算机

1886 年，美国统计学家赫尔曼·霍勒瑞斯(Herman Hollerith)借鉴雅各织布机的穿孔卡原理，制造出了第一台制表机。制表机中数据的存储采用穿孔卡片，并应用了机电技术。它可以自动进行加减乘除四则运算、累计存档和制作报表等。

1938 年，德国工程师康拉德·朱斯(Konrad Zuse)研制出第一台采用二进制的计算机——Z-1 计算机，在随后的四年时间里，朱斯先后研制出 Z-2、Z-3、Z-4 计算机，这些计算机全部采用继电器。其中 Z-3 计算机不仅全部采用继电器，同时采用了浮点记数法、二进制运算和带存储地址的指令形式等，是世界上第一台真正的通用程序控制计算机。

1944 年，美国哈佛大学应用数学教授霍华德·艾肯(Howard Aiken)成功研制出机电式计算机 Mark-I。Mark-I 由 75 万个零部件组成，长 15.5 米，高 2.4 米，开关元件使用了大量的继电器，采用穿孔纸带进行程序控制，存储容量为 72 个 23 位十进制数。

3. 电子计算机

1939 年，美国爱荷华州立大学的约翰·文森特·阿塔纳索夫(John Vincent Atanasoff)和他的研究生克利福特·贝瑞(Clifford Berry)共同开发研制了一台称为 ABC(Atanasoff-Berry Computer)的电子计算机。在阿塔纳索夫的设计方案中，第一次提出采用电子技术来提高计算机的运算速度。

世界上第一台电子计算机 ENIAC(Electronic Numerical Integrator And Computer，电子数字积分计算机)于 1946 年 2 月在美国宾夕法尼亚大学研制成功，如图 1-5 所示。

图 1-5 ENIAC

ENIAC 使用了 18 000 多个电子管、1500 多个继电器，占地 170 平方米，重达 30 多吨，耗电 150 千瓦，每秒能进行 5000 次加法运算。这台计算机的运算速度和性能等虽然无法与今天的计算机相比，但它的诞生却是科学技术发展史上一次意义重大的事件，被公认为具有划时代的意义。ENIAC 的出现也标志着电子计算机时代的到来。

纵观电子计算机的发展历程，在短短的 70 多年里经过了不同阶段的发展。根据电子计算机所采用的电子元器件的不同，电子计算机的发展一般划分为以下四个阶段。

1) 第一阶段：电子管计算机(1946—1953 年)

第一代计算机用电子管作为基本逻辑部件，也称为电子管计算机。这一代计算机主要应用于科学计算。

这一阶段的主要特点是：

(1) 计算机体积大，耗电量大，寿命短，可靠性差，成本高。

(2) 采用电子射线管作为存储部件，容量很小；后来外存储器使用了磁鼓存储信息，扩充了容量。

(3) 输入/输出设备落后，主要使用穿孔卡片，速度慢，使用非常不方便。

(4) 没有系统软件，编制程序主要使用机器语言和汇编语言。

2) 第二阶段：晶体管计算机(1954—1964 年)

第二代计算机采用了晶体管技术，也称为晶体管计算机。这一代计算机主要应用于数据处理和过程控制。

这一阶段的主要特点是：

(1) 计算机体积小，重量轻，能耗低，成本低，计算机的可靠性和运算速度均得到提高。

(2) 普遍采用磁芯作为储存器，磁盘/磁鼓作为外存储器。

(3) 出现了高级语言编程，操作系统概念被提出。

3) 第三阶段：集成电路计算机(1964—1969 年)

第三代计算机采用中、小规模集成电路作为元器件，也称为集成电路计算机。集成电路的出现与使用，推动了计算机的快速发展，为日后计算机扩大到各个领域奠定了基础。

这一阶段的主要特点是：

(1) 计算机体积更小，重量更轻，耗电量更小，寿命更长，成本更低，运算速度也有了很大的提高。

(2) 采用半导体存储器作为主存，使存储器容量和存取速度都有了进一步的提高，增加了系统的处理能力。

(3) 系统软件有了很大发展，出现了分时操作系统，多个用户可以共享计算机软硬件资源。

4) 第四阶段：大规模、超大规模集成电路计算机(1970 年至今)

第四代计算机采用大规模、超大规模集成电路作为元器件，也称为大规模、超大规模集成电路计算机。这一代计算机的应用范围涉及各个领域。

这一阶段的主要特点是：

(1) 计算机体积、重量和成本均大幅度降低，出现了微型机。

(2) 作为主存的半导体存储器，其集成度越来越高，容量越来越大，外存储器除广泛使用软、硬磁盘外，还增加了光盘。

(3) 输入/输出设备相继出现。

(4) 各种应用软件层出不穷，为用户提供了极大的便利。

(5) 计算机技术与通信技术相结合，计算机网络得到迅速的发展。

(6) 多媒体技术崛起，在信息处理领域掀起了一场革命。

随着计算机的不断发展以及科学技术的进步，在计算机发展的第四阶段，诞生了微型计算机。

4．中国计算机的发展

1956 年的《1956—1967 年科学技术发展远景规划》(简称"十二年科技规划")中提出：把计算机列为发展科学技术的重点之一。从 1957 年我国开始筹建第一个计算技术研究所至今，我国计算机的发展也经历了四个阶段。

1) 第一阶段：电子管计算机

我国电子管计算机的发展阶段主要是 1958—1964 年。

1957 年，我国中科院计算所开始研制通用数字电子计算机。

1958 年，第一台通用数字电子计算机——103 型计算机研制成功。

1958 年，第一台大型通用数字电子计算机——104 型计算机开始研制。

1960 年，小型通用数字电子计算机——107 型计算机研制成功。这台计算机是由夏培肃院士领导的科研小组首次自行设计并研制的。

1964 年，第一台大型通用数字电子计算机——119 型计算机研制成功，这台计算机从总体设计到整体系统的研制，都是我国科学家独立完成的。

2) 第二阶段：晶体管计算机

我国晶体管计算机的发展阶段主要是 1965—1972 年。

1965 年，第一台大型晶体管计算机——109 乙机研制成功。它是由中科院计算所研制的。其后，109 丙机也研制成功。华北计算所也相继推出了 108 机、108 乙机、121 机和 320 机。

1965 年，晶体管计算机 441B 由哈尔滨军事工程学院(简称哈军工)研制成功。

3) 第三阶段：中小规模集成电路计算机

我国中小规模集成电路计算机的发展阶段主要是 1973 年到 20 世纪 80 年代初。

1973 年，北京大学与北京有线电厂等单位合作，成功研制出运算速度达到每秒 100 万次的大型通用计算机。

1974 年，DJS-130 小型计算机由清华大学等单位联合设计并成功研制；随后，DJS-100 系列产品——DJS-140 小型机研制成功。而 DJS-200 系列计算机由以华北计算所为主要基地的全国 57 个单位联合进行设计开发；同时设计开发的还有 DJS-180 系列超级小型机。

20 世纪 70 年代后期，我国相继研制成功 655 机和 151 机，它们分别由电子部 32 所和国防科技大学研制，运算速度达到了百万次级。

20 世纪 80 年代，我国高速计算机也有了进一步的发展，特别是向量计算机。

4) 第四阶段：超大规模集成电路计算机

我国超大规模集成电路计算机的发展阶段主要是 20 世纪 80 年代初至今。这一阶段计算机的研制也是从微机开始的。

20 世纪 80 年代以来，我国计算机发展的主要成就如下：

我国高速计算机研制的一个重要里程碑是银河-Ⅰ巨型机的诞生，其运算速度达到每秒上亿次，它是于 1983 年由国防科技大学计算机研究所研制的。

1985 年，长城 0520CH 微型计算机由电子工业部计算机管理局研制成功。

1992 年，通用并行巨型机银河-Ⅱ由国防科技大学研制成功。其峰值速度达到每秒 4 亿次浮点运算，相当于每秒 10 亿次基本运算操作，为共享主存储器的四处理机向量机。

1993 年，我国首次以基于超大规模集成电路的通用微处理器芯片和标准 UNIX 操作系统设计开发的并行计算机——曙光一号全对称共享存储多处理机研制成功。它是由国家智能计算机研究开发中心研制的。

1995 年，曙光 1000 由曙光公司研制成功。它包含了 36 个处理机，是我国第一台具有大规模并行处理结构的并行机。其峰值速度达到每秒 25 亿次浮点运算，实际运算速度达到每秒 10 亿次浮点运算，使得我国与国外的差距缩小到 5 年左右。

1997 年，银河-Ⅲ百亿次并行巨型计算机系统由国防科技大学研制成功。其峰值速度达到每秒 130 亿次浮点运算，综合技术达到 90 年代中期国际先进水平。

1997—1999 年，曙光 1000A、曙光 2000-Ⅰ、曙光 2000-Ⅱ超级服务器由曙光公司相继研制成功并推出。其峰值速度突破每秒 1000 亿次浮点运算。

1999 年，神威Ⅰ计算机由国家并行计算机工程技术研究中心研制，并通过了国家级验收。其峰值运算速度达每秒 3840 亿次。

2000 年，曙光 3000 超级服务器研制成功，它能进行每秒 3000 亿次浮点运算。

2002 年，我国成功制造出首枚高性能通用 CPU——龙芯一号。龙芯一号的诞生，打破了国外长期的技术垄断，结束了我国近二十年无"芯"的历史。

2003 年，曙光 4000L 超级服务器研制成功，并通过国家验收。它能进行百万亿次数据处理，国产超级服务器的历史纪录被再一次刷新。

2003 年 4 月，为谋求合力打造中国集成电路完整产业链，"C*Core(中国芯)产业联盟"在南京宣告成立。该联盟由苏州国芯、南京熊猫、中芯国际、上海宏力、上海贝岭、杭州士兰、北京国家集成电路产业化基地、北京大学、清华大学等 61 家集成电路企业及机构组成。

2003 年 12 月，超级计算机深腾 6800 研制成功。它是由联想承担的国家网格主节点，实际运算速度达到了每秒 4.183 万亿次，在全球排名第 14 位。

2004 年，运算速度达每秒 8.061 万亿次的超级计算机——曙光 4000A 在全球计算机 500 强中名列第 10 位。该名单由美国能源部劳伦斯伯克利国家实验室公布。

2005 年，中国科学研究院计算技术研究所研制的龙芯二号诞生。它是我国首个拥有自主知识产权的通用高性能 CPU。

2008 年，曙光 5000A 超级计算机由中国曙光信息产业有限公司推出。其运算速度超过每秒 160 万亿次，峰值运算速度达到每秒 230 万亿次，在世界高性能计算机中排名第 10 位。

2009 年，曙光 6000 开始研发，2011 年龙芯千万亿次高性能计算机诞生，在全球超级计算机 500 强中排名第 4 位。其 Linpack 峰值运算速度实测每秒达 1271 万亿次，是亚洲和中国首台、世界第三台实测性能超千万亿次的超级计算机。

2010 年，我国首台千万亿次超级计算机系统——天河一号在全球超级计算机前 500 强中排名第 1 位。它的峰值运算速度达每秒 1206 万亿次，Linpack 实测每秒达 563.1 万亿次。随后，在天河一号的基础上，国防科技大学研制成功天河一号 A，其实测运算能力倍增至 2507 万亿次。

2014 年，天河二号超级计算机系统在全球超级计算机 500 强中排名第 1 位。它的峰值运算速度达到每秒 5.49 亿亿次，持续速度达每秒 3.39 亿亿次双精度浮点运算。

2015 年，我国发射首枚使用"龙芯"的北斗卫星。

2015 年，天河二号超级计算机系统在全球超级计算机 500 强中连续第六次排名第 1 位，运算速度达每秒 33.86 千万亿次。

1.1.3　计算机的特点和分类

自从第一台电子计算机诞生后，计算机就以前所未有的速度向前发展。目前，计算机的应用已经渗透到人们生活的各个领域。计算机所具有的优势是其他任何计算工具都无法取代的。当然，计算机发展的速度如此之快，与它自身的特点是分不开的。

1. 计算机的特点

归纳起来，计算机主要有以下五个方面的特点。

(1) 运算速度快。衡量计算机的一个重要性能指标就是计算机的运算速度。目前，普通计算机运算速度大概在每秒几十亿次至几千亿次之间。计算机之所以能以极高的速度工作，是由于计算机采用高速电子器件。我国的天河二号超级计算机，其运算速度达每秒千万亿次，可以完成如天气预报、工程设计与仿真分析等。

(2) 计算精度高、可靠性强。计算机不仅能进行快速运算，而且计算精度高、可靠性强。计算机的计算精度通常用字长表示，有 8 位、16 位、32 位、64 位机等。字长越长，计算精度越高。

(3) 存储能力强。计算机不仅具有计算能力，还可以把数据等信息存储起来，即具有"记忆"能力。计算机是采用存储设备进行存储记忆的，通常用容量来表示其大小，存储容量的基本单位是字节(Byte)。目前，一台微型计算机的硬盘容量已达到太字节(Terabyte，TB)。

(4) 具有逻辑判断能力。计算机不仅具有基本的算术运算能力，还具备逻辑判断能力，即能根据判断结果自动选择下一步的操作。它可以模拟人类的思维能力，即具有推理、判断和联想等能力。

(5) 自动化程度高。由于计算机具有存储记忆能力和逻辑判断能力，所以可以将预先编好的程序存入计算机中；在程序控制下，计算机就可以连续、自动地工作，不需要人为干预。

2. 计算机的分类

计算机的种类很多，从不同的角度可以进行不同的分类。计算机的分类方式主要有以下三种。

1) 按信息的表示方式分类

按照信息的表示方式，计算机可分为三种：模拟计算机、数字计算机和数模混合计算机。

模拟计算机主要用于处理模拟信号，采用电压表示信息。它的运算部件是由运算放大器组成的各类电子电路。模拟计算机的特点是运算速度快、信息不易存储、通用性差。模拟计算机主要用于过程控制和模拟仿真等。

数字计算机采用二进制运算，即用"0"和"1"来表示信息。它的基本运算部件是数字逻辑电路。数字计算机的特点是计算精度高、存储量大、通用性强。数字计算机主要用于科学计算、信息处理、过程控制和智能模拟等方面。通常所说的计算机就是指数字计算机。

数模混合计算机是指既能处理数字量，又能处理模拟量，综合了数字和模拟两种计算机的功能和优点。

2) 按用途分类

计算机按用途可分为两种：专用计算机和通用计算机。

专用计算机是为解决某一特殊领域的问题而设计的计算机。专用计算机的特点是功能比较单一、运算速度快、计算精度高、可靠性强。专用计算机主要用于智能仪表和过程控制等。

通用计算机是为解决各种各样的问题而设计的计算机。通用计算机的特点是有较强的通用性和适应性等。通用计算机主要用于科学计算、数据处理和工程设计等。人们生活中使用的计算机大多数都是通用计算机。

3) 按规模和处理能力分类

按照规模和处理能力，计算机可分为巨型机、大型机、小型机、微型机、工作站和服务器等。

(1) 巨型机。巨型机是一种具有很强的运算和数据处理能力的超级计算机。巨型机的主要特点是运算速度极快、存储容量很大、软件系统复杂等。巨型机主要用于承担重大的科学研究、国防尖端技术和国民经济领域的大型计算课题及数据处理任务，如预报天气情况、处理卫星照片、研究洲际导弹和宇宙飞船等。我国自行研制的银河系列机都属于巨型机。

(2) 大型机。大型机使用专用的处理器指令集、操作系统和应用软件。大型机的主要特点是运算速度快、通用性好、外部设备负载能力强、存储容量大、可多用户同时使用等。大型机主要用于科学计算、数据处理和网络服务器等。

(3) 小型机。小型机的主要特点是规模较小、结构简单、成本较低、多用户同时使用和易于维护等。小型机主要用于中小型企事业单位的工业控制、数据采集、企业管理和事务处理等。

(4) 微型机。微型机是以微处理器为核心的计算机，也称个人计算机(Personal Computer，PC)，简称微机。微型机的主要特点是体积小、价格低廉等。微型机已广泛应用于社会生活的各个领域，是发展最快、应用最为普及的一种计算机。

(5) 工作站。工作站是一种高档的微型计算机。工作站的主要特点是大屏幕显示器分辨率高、存储容量大等。工作站主要用于图像处理和计算机辅助设计(CAD)等领域。

(6) 服务器。服务器是一种高性能计算机，在网络环境下为多个用户提供共享信息资源和其他各种服务。服务器的主要特点是存储容量大、外部设备丰富等。服务器上需要安装网络操作系统、网络协议和各种网络服务软件等。服务器主要为网络用户提供文件、数据库、应用及通信方面的服务等。

1.1.4　计算机的应用和发展趋势

1. 计算机的应用

目前，计算机已经广泛应用在工业、农业和国防等社会的各个领域。计算机应用主要分为数值计算和非数值应用，归纳起来主要有以下六个领域。

1) 科学计算

科学计算是计算机应用的一个重要领域，也是最早应用的领域。计算机在科学计算领域的应用主要是物理、工程设计、地震预测、气象预报和航天技术等科研领域。计算机不仅具有极高的运算速度和精度，还具有强大的逻辑判断能力，所以也逐渐应用在计算力学、计算物理、计算化学和生物控制论等新的学科中。

2) 数据处理

目前，计算机应用最广泛的领域是数据处理，又称为信息处理。数据处理是指利用计算机对数据资料进行收集、加工和管理等操作，以获得有效的信息。社会生活的各个领域都涉及信息处理，如企事业单位中的办公自动化、人事管理、动画设计、图书管理、仓库管理和交通运输管理等。

3) 过程控制

过程控制是指利用计算机对工业生产过程中的数据进行实时采集和分析，并根据分析结果对控制对象进行调节或控制等。过程控制已广泛应用于机械、化工和电力等领域。

4) 计算机辅助系统

计算机辅助系统是指利用计算机辅助人们完成设计、加工和学习等任务的系统的总称，如计算机辅助设计(Computer-Aided Design，CAD)、计算机辅助制造(Computer-Aided Manufacturing，CAM)、计算机辅助教学(Computer-Aided Instruction，CAI)和计算机辅助测试(Computer-Aided Test，CAT)等。

(1) 计算机辅助设计(CAD)。CAD 是指利用计算机来辅助设计人员完成工程设计工作，实现工作的自动化。目前，CAD 已经广泛应用于飞机、汽车、电路、机械、土木建筑、服装及大规模集成电路等设计中。

(2) 计算机辅助制造(CAM)。CAM 是指在产品制造过程中，利用计算机控制机床和设备，完成产品的加工、检测和包装等过程。利用 CAM 可以提高产品质量，降低生产成本，改善工作条件和降低劳动强度等。

(3) 计算机辅助教学(CAI)。CAI 是指在教学过程中，利用多媒体、人工智能和网络通信等多种计算机技术辅助教师完成教学活动。利用 CAI 可以克服传统教学的缺点，为学生提供良好的学习环境，提高教学质量等。

(4) 计算机辅助测试(CAT)。CAT 是指利用计算机进行辅助测试的方法。目前，CAT 已经广泛应用于教学和软件测试等领域，如使用计算机测试学生的学习效果，使用计算机进行软件测试等。

5) 人工智能

人工智能(Artificial Intelligence，AI)是一门关于知识的学科，即如何表示知识、获取知识并使用知识，是用计算机来模拟人类的思维活动，如判断、推理、识别、感知、理解、设计和问题求解等。总之，人工智能是研究如何使计算机做过去只有人类才能做的智能工作。

人工智能的研究由来已久，早在 1997 年，IBM 的深蓝计算机战胜了当时的国际象棋冠军，即它是能够模拟人的思维，并进行博弈的计算机。2016 年，人工智能机器人 AlphaGo 战胜了世界围棋冠军。目前，人工智能已取得不少的研究成果，如工业中使用越来越多的智能机器人、医疗健康中进行疾病诊疗的专家系统、语音识别技术和自动翻译软件等。

人工智能是以实现人类智能为目标的一门学科，以计算机为工具，通过模拟建立相应的模型。

6) 计算机通信——网络应用

计算机网络是现代计算机技术与通信技术高度发展和密切结合的产物，通过将不同地理位置上的计算机有机地连接在一起，实现了计算机之间的资源共享与通信。

2．计算机的发展趋势

1) 电子计算机的发展趋势

从 1946 年世界上第一台电子计算机诞生到现在七十多年的时间里，计算机的应用在各方面都有了极大的发展。随着技术的不断进步，计算机正朝着不同的方向发展，包括巨型化、微型化、网络化和智能化。

(1) 巨型化。这里的巨型化不是指计算机的大体积，而是指计算机具有更快的运算速度、更大容量的存储空间、更加强大的功能等。巨型计算机主要用于军事、气象、人工智能和生物工程等学科领域。

(2) 微型化。随着大规模和超大规模集成电路的发展，计算机芯片的集成度越来越高，微型化也是计算机发展的一种必然趋势。在日常生活中，微型化的普及率越来越快、越来越广泛，从最常用的台式机、笔记本到平板电脑，再到嵌入家电中的控制芯片等，都是微型化的具体体现。

(3) 网络化。随着互联网(Internet)的飞速发展，计算机网络已广泛应用于各个领域，所以计算机发展的另一种必然趋势就是网络化。所谓计算机网络，是指利用通信线路将位于不同地理位置的、具有独立功能的多台计算机进行互联，并按照某种网络协议进行数据通信，从而实现资源共享和信息传递。

(4) 智能化。人工智能无处不在，如人脸识别的智能门锁、扫地机器人和自动美颜相机等，都是我们日常生活中随处可见的人工智能的实际应用。人工智能技术革命的巨大影响已经不可避免，如何让机器像人那样智能化是计算机发展的一个重要方向。智能化是指让计算机能够模拟人的行为，具备理解声音、图像等的能力，使人和计算机能够用自然语言直接对话。智能化的研究包括图像识别、专家系统和机器学习等方面。

2) 未来计算机的发展趋势

根据目前计算机的研究情况，未来计算机很有可能在生物计算机、光子计算机和量子计算机等方面有重大突破。

(1) 生物计算机。生物计算机以生物工程技术产生的蛋白质分子作为主要原材料，以获得生物芯片，然后利用有机化合物将数据进行存储，沿着蛋白质分子链以波的形式传播信息，传播过程中会改变蛋白质分子链中单键、双键结构顺序。生物计算机的主要特点是抗电磁干扰能力强、运算速度超级快、能量消耗特别少、存储能力巨大、具有生物体的很多特点等，所以也被称为仿生计算机。

(2) 光子计算机。光子计算机是以光子代替电子，以光运算代替电运算，所有的运算操作、信息的存储和信息处理都是由光信号进行的。它主要由一系列的光学元件和设备组成，当激光束进入反射镜和透镜组成阵列时，进行信息处理。光子计算机的主要特点是有很强的并行处理能力、超高的运算速度、与人脑相似的容错性、对环境条件的要求很低等。随着现代光学与计算机技术、微电子技术的发展，光子计算机将成为未来计算机的一种新趋势。

(3) 量子计算机。量子计算机遵循量子力学规律，是一种可以实现量子计算的新型计算机。量子计算机的主要特点是运算速度快、信息处理能力强、应用范围广等。

(4) 神经网络计算机。神经网络计算机的数据信息都存储在神经元之间的联络网中，它是一种具有能模拟人脑进行思维活动和判断等能力的新型计算机，是智能化的。它可以根据对象的状态进行判断，并根据判断结果决定采取的操作，而且，对于大量数据的实时变化也能够进行并行处理，并给出相应的结论。神经网络计算机的主要特点是具有重建资料的能力、联想记忆的能力、视觉识别的能力、声音识别的能力等。

(5) 超导计算机。超导现象是在 1911 年被发现的，超导技术目前已经应用在很多领域。利用超导技术生产的计算机称为超导计算机。超导计算机的主要特点是性能更好、运算速度更快、电能消耗更少等。

(6) 纳米计算机。纳米是长度的一个计量单位。纳米技术，简单说就是一种用极小尺度甚至单个原子的制造技术。在计算机领域应用纳米技术研制出的新型计算机称为纳米计算机。采用纳米技术生产芯片时，只需在实验室里将设计好的分子合在一起，就可以造出芯片。因此纳米计算机的主要特点是生成成本低。

1.2　计算机中的信息表示

这一时代发展的大趋势是信息化。信息包括数值、文字、声音、图形、图像、音频和视频等，是多样化的。信息是以数据的形式进行存储的，数据是信息的表现形式和载体；计算机可处理各种形式的数据，这些数据通常都是用二进制形式来表示、存储、处理和传输的。计算机采用二进制的原因有以下四点。

(1) 电子逻辑部件(即电路)的两种状态(导通与阻塞、饱和与截止、高电位与低电位)正好用 1 和 0 表示，可以利用电路进行计数，技术实现简单。

(2) 运算规则简单。

(3) 便于实现逻辑运算，二进制的两个数码 1 和 0 可对应逻辑代数中的"真"和"假"。

(4) 具有较强的抗干扰能力。因为只有两个数码，所以当信号受到一定程度的干扰时，能较可靠地进行分辨。

各种信息要能被计算机接收和处理，必须转换成二进制数。信息的数字化编码就是将复杂多变的信息用数字表示。通常选用少量的基本符号进行编码，按一定的组合规则表示出多样的信息。下面介绍计算机常用的数制和编码。

1.2.1　常用进位计数制

按进位的原则进行计数的方法叫做进位计数制，简称数制。日常生活中大都采用十进制计数，计算机中的信息则采用二进制计数。

进位计数制有两个重要概念：基数和位权。基数是每种数制包括的数字符号的个数。数码所处的位置不同，代表的数值也不同，数值与位置有关。每个位置上的单位值叫做位权。下面主要介绍四种常用的进位计数制。

1. 十进制(Decimal)

十进制数的表示方法为 $(P)_{10}$ 或 PD 或 P，数码为 0、1、2、3、4、5、6、7、8、9，基数为 10，进位规则是"逢十进一"。

一个 n 位整数和 m 位小数的十进制数 P，可按权展开为

$$(P)_{10} = a_{n-1} \times 10^{n-1} + \cdots + a_1 \times 10^1 + a_0 \times 10^0 + a_{-1} \times 10^{-1} + \cdots + a_{-m} \times 10^{-m}$$

其中，$a_i (i = n-1, \cdots, 1, 0, -1, \cdots, -m)$ 为 0~9 中的任意一个数码。

例如，十进制数 74.21 的按权展开式为

$$74.21 = 7 \times 10^1 + 4 \times 10^0 + 2 \times 10^{-1} + 1 \times 10^{-2}$$

2．二进制(Binary)

二进制数的表示方法为 $(P)_2$ 或 PB，数码为 0、1，基数为 2，进位规则为"逢二进一"。

一个 n 位整数和 m 位小数的二进制数 P，可按权展开为

$$(P)_2 = a_{n-1} \times 2^{n-1} + \cdots + a_1 \times 2^1 + a_0 \times 2^0 + a_{-1} \times 2^{-1} + \cdots + a_{-m} \times 2^{-m}$$

其中，a_i (i = n−1，$\cdots$,1,0,−1，$\cdots$,−m)为 0 或 1。

例如，二进制数 $(1101.11)_2$ 的按权展开式为

$$(1101.11)_2 = 1 \times 2^3 + 1 \times 2^2 + 0 \times 2^1 + 1 \times 2^0 + 1 \times 2^{-1} + 1 \times 2^{-2}$$

二进制的主要缺点是当使用它表示相同的数据时，要使用更多的位数。为了方便地表示二进制数，可以采用八进制数或十六进制数。

3．八进制(Octal)

八进制数的表示方法为 $(P)_8$ 或 PO，数码为 0、1、2、3、4、5、6、7，基数为 8，进位规则为"逢八进一"。

一个 n 位整数和 m 位小数的八进制数 P，可按权展开为

$$(P)_8 = a_{n-1} \times 8^{n-1} + \cdots + a_1 \times 8^1 + a_0 \times 8^0 + a_{-1} \times 8^{-1} + \cdots + a_{-m} \times 8^{-m}$$

其中，a_i (i = n−1,$\cdots$,1,0,−1,$\cdots$,−m)为 0~7 中的任意一个数码。

例如，八进制数 $(57)_8$ 的按权展开式为

$$(57)_8 = 5 \times 8^1 + 7 \times 8^0$$

4．十六进制(Hexadecimal)

十六进制数的表示方法为 $(P)_{16}$ 或 PH，数码为 0、1、2、3、4、5、6、7、8、9、A、B、C、D、E、F，其中，A、B、C、D、E、F 的数值大小分别相当于十进制的 10、11、12、13、14、15。其基数为 16，进位规则是"逢十六进一"。

一个 n 位整数和 m 位小数的十六进制数 P，可按权展开为

$$(P)_{16} = a_{n-1} \times 16^{n-1} + \cdots + a_1 \times 16^1 + a_0 \times 16^0 + a_{-1} \times 16^{-1} + \cdots + a_{-m} \times 16^{-m}$$

其中，a_i (i = n−1,$\cdots$,1,0,−1,$\cdots$,−m)为 0~9、A~F 中的任意一个数码。

例如，十六进制数 $(5A9)_{16}$ 的按权展开式为

$$(5A9)_{16} = 5 \times 16^2 + 10 \times 16^1 + 9 \times 16^0$$

1.2.2　常用数制之间的转换

不同的数制有不同的基数和位权，但它们表示的数值可以相互转换。下面介绍四种常用的数制转换方法。

1．非十进制数转换为十进制数

非十进制数转换为十进制数的方法为：按权展开，相加求和。

【例 1-1】分别将二进制数 101.1B、八进制数 101.1O 和十六进制数 1A1.1H 转换成十进制数。

$101.1B = 1 \times 2^2 + 0 \times 2^1 + 1 \times 2^0 + 1 \times 2^{-1} = 5.5D$

$101.1O = 1 \times 8^2 + 0 \times 8^1 + 1 \times 8^0 + 1 \times 8^{-1} = 65.125D$

$1A1.1H = 1 \times 16^2 + 10 \times 16^1 + 1 \times 16^0 + 1 \times 16^{-1} = 417.0625D$

2. 十进制数转换为非十进制数

1) 十进制数转换为二进制数

十进制数转换为二进制数的转换规则为

整数部分：除以 2 逆序取余。

小数部分：乘 2 顺序取整。

【例 1-2】将十进制数 37.625 转换为二进制数。

整数部分转换如图 1-6 所示。

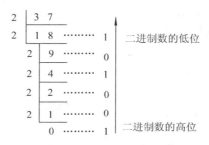

图 1-6　整数部分转换

由图 1-7 可看出，首先用该数的整数部分除以 2，得到的余数是二进制数的最低位(即最右边的一位数)，若商为 0，转换结束；若商不为 0，则再除以 2，又得一余数，是从右边数第二位的数；如此继续下去，直到商为 0 停止。

小数部分转换如下：

由小数部分转换可看出，首先用该数的小数部分乘 2，得到乘积的整数部分，是二进制数的最高位(即最左边的一位数)，若得到乘积的小数部分为 0，转换结束；否则，再乘 2，又得一整数，是从左边数第二位的数；如此继续下去，直到乘积的小数部分为 0 或达到指定的位数时停止。

因此，有 37.625D = 100101.101B。

同理可对十进制数转换为八进制数、十进制数转换为十六进制数等进行操作。

2) 十进制数转换为八进制数

十进制数转换为八进制数的转换规则为

整数部分：除以 8 逆序取余。

小数部分：乘 8 顺序取整。

【例 1-3】将十进制数 37.625 转换为八进制数。

整数部分转换如图 1-7 所示。

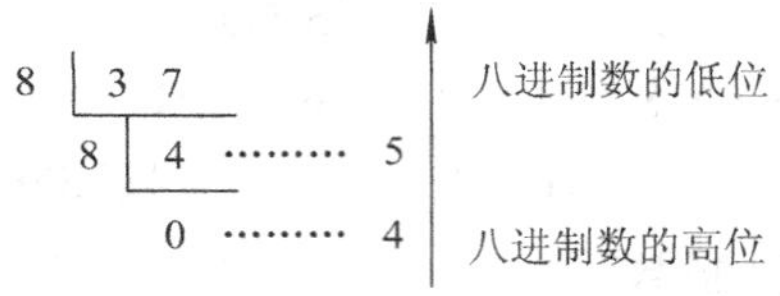

图 1-7　整数部分转换

小数部分转换如下：

0.625 × 8 = 5.000·············5

因此，有 37.625D = 45.5O。

3) 十进制数转换为十六进制数

十进制数转换为十六进制数的转换规则为

整数部分：除以 16 逆序取余。

小数部分：乘 16 顺序取整。

【例 1-4】将十进制数 27.625 转换为十六进制数。

整数部分转换如图 1-8 所示。

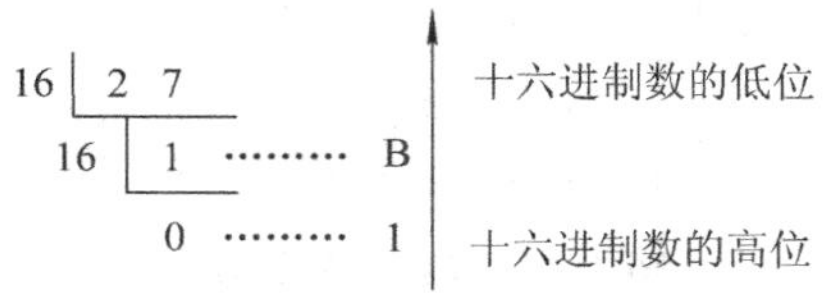

图 1-8　整数部分转换

小数部分转换如下：

0.625 × 16 = 10.000···········A

因此，有 27.625D = 1B.AH。

3. 二进制数与八进制数、十六进制数之间的转换

二进制数、八进制数和十六进制数之间的对应关系如表 1-1 所示。

注意：每位八进制数可以转换为三位的二进制数，每位十六进制数可以转换为四位的二进制数。

表 1-1　四位二进制整数与八、十六、十进制整数对应表

二进制	八进制	十六进制	十进制
0000	0	0	0
0001	1	1	1
0010	2	2	2
0011	3	3	3
0100	4	4	4
0101	5	5	5
0110	6	6	6
0111	7	7	7

二进制	八进制	十六进制	十进制
1000	10	8	8
1001	11	9	9
1010	12	A	10
1011	13	B	11
1100	14	C	12
1101	15	D	13
1110	16	E	14
1111	17	F	15

1) 二进制数转换为八进制数

二进制数转换为八进制数的转换规则为

整数部分：从右往左三位一组(不足三位用 0 补充)。

小数部分：从左往右三位一组(不足三位用 0 补充)。

按表 1-1 将每组的三位二进制数转换成对应的八进制数，小数点位置不变。

【例 1-5】将二进制数 1011110.0101B 转换为八进制数。

$$001 \quad 011 \quad 110.010 \quad 100$$
$$1 \quad\quad 3 \quad\quad 6 \ .2 \quad\quad 4$$

因此，有 1011110.0101B = 136.24O。

2) 二进制数转换为十六进制数

二进制数转换为十进制数的转换规则为

整数部分：从右往左四位一组(不足四位用 0 补充)。

小数部分：从左往右四位一组(不足四位用 0 补充)。

按表 1-1 将每组的四位二进制数换成对应的十六进制数，小数点位置不变。

【例 1-6】将二进制数 1011110.0101B 转换为十六进制数。

$$0101 \quad 1110.0101$$
$$5 \quad\quad E \ .5$$

因此，有 1011110.0101B = 5E.5H。

3) 八进制数、十六进制数转换为二进制数

【例 1-7】将八进制数 154.2O 转换为二进制数。

转换规则：将每位八进制数用三位二进制数表示，去掉两段多余的 0。

$$1 \quad\quad 5 \quad\quad 4 \quad\quad 2$$
$$001 \quad 101 \quad 100. \quad 010$$

因此，有 154.2O = 1101100.01B。

【例 1-8】将十六进制数 3E4.AH 转换为二进制数。

转换规则：将每位十六进制数用四位二进制数表示，去掉两段多余的 0。

3　　　E　　　4.　　　A

0011　　1110　　0100　　1010

因此，有 3E4.A O = 1111100100. 101B。

4. 八进制数与十六进制数之间的转换

八进制数与十六进制数之间的转换可借助二进制或十进制完成：先将八(十六)进制转换为二(或十)进制，再将二(十)进制转换为十六(或八)进制。

1.2.3　非数值信息的编码

除了数值数据，计算机还需要处理大量的非数值数据，如字符、图形、音频和视频等，其中，字符数据较多。字符数据在计算机中处理时也需要转换为二进制编码。字符数据包括英文字符和汉字字符，因形式不同，两者采用的编码也不同。

1. ASCII 码

目前，英文字符使用最广泛的编码是 ASCII 码(American Standard Coad for Information Interchange，美国信息交换标准码)，如表 1-2 所示。

表 1-2　ASCII 编码表

D6D5D4 〱 D3D2D1D0	000	001	010	011	100	101	110	111
0000	NUL	DLE	SP	0	@	P	、	P
0001	SOH	DC1	!	1	A	Q	a	q
0010	STX	DC2	"	2	B	R	b	r
0011	EXT	DC3	#	3	C	S	c	s
0100	EOT	DC4	$	4	D	T	d	t
0101	ENQ	NAK	%	5	E	U	e	u
0110	ACK	SYN	&	6	F	V	f	v
0111	BEL	ETB	'	7	G	W	g	w
1000	BS	CAN	(	8	H	X	h	x
1001	HT	EM	)	9	I	Y	i	y
1010	LF	SUB	*	:	J	Z	j	z
1011	VT	ESC	+	;	K	[	k	{
1100	FF	FS	,	<	L	\	l	|
1101	CR	GS	=	M	]	m	}
1110	SO	RS	.	>	N	^	n	~
1111	SI	US	/	?	O	_	o	DEL

ASCII 码共有 128 个字符，一个字符采用 7 位二进制数表示。一个 ASCII 码在计算机中存储时采用 8 位二进制数，最高位为 0。

ASCII 字符包含两类：图形字符和控制字符。除首尾的两个字符 SP 和 DEL(空格字符和删除字符)外，第 010 列～第 111 列(共 6 列)共有 94 个字符，称为图形字符；这些字符有确定的结构形状，可以打印或显示，可在键盘上找到；其余的为控制字符，在传输、打印或显示输出时起控制作用。

2. 中文字符的编码

ASCII 码只对英文字母、数字和标点符号进行编码。为了使用计算机表示和处理汉字，同样也需要对汉字进行编码。计算机对汉字信息的处理过程实际上是各种汉字编码之间的转换过程。

1) 输入码

输入码是指用户能直接通过西文键盘输入的汉字信息编码，简称外码。它由键盘上的字母、数字和特殊符号组合构成，是用户与计算机汉字交流的第一接口。常用的汉字输入码有以下四种。

(1) 数字码：根据汉字的排列顺序进行编码，如区位码、国标码和电报码等。

(2) 音码：根据汉字的拼音进行编码，如全拼码、双拼码、简拼码和搜狗拼音输入法等。

(3) 形码：根据汉字的字形进行编码，如王码、郑码、大众码和五笔字型码等。

(4) 音形码：根据汉字的拼音和字形进行编码，如表形码和智能 ABC 等。

2) 国标码

计算机处理汉字所用的编码标准是 1980 年由中国国家标准总局颁布的 GB 2312—1980《信息交换用汉字编码字符集》，简称国标码(也称交换码)。该编码标准规定：每个汉字用两个字节表示，每个字节编码位为低 7 位，最高位为 0。

3) 机内码

机内码(也称内码)是在计算机内部存储、处理加工和传输汉字时使用的编码。输入码被接收后就由汉字操作系统的"输入码转换模块"转换为机内码。每个汉字的机内码用两个字节表示。

为方便与 ASCII 码区分，机内码是指把国标码每个字节的最高位由 0 改为 1，其余位不变的编码，则

$$汉字机内码 = 汉字国标码 + 8080H$$

4) 字形码

为了使汉字能够在显示器或打印机上输出，把汉字按图形符号设计成点阵图，就得到了相应的点阵代码，即字形码。字形码采用点阵形式，不论一个字的笔画是多少，都可以用一组点阵表示。显示一个汉字一般采用 16×16、24×24 或 48×48 等点阵。

根据汉字的点阵大小，可以计算出存储一个汉字字形所需占用的字节空间。

例如，16×16 点阵表示一个汉字用 16×16 个点表示，一个点需要 1 位二进制代码，所以这种点阵的一个汉字字形需要 16×16 位/8 = 32 字节的存储空间。

3. 多媒体数据的编码

在计算机中，数值数据和字符数据要转换成二进制数进行存储和处理，多媒体数据

(如图形图像、音频和视频等)也要转换成二进制数才能被计算机存储和处理，不同类型多媒体数据的编码方式是不同的。

1.3 计 算 思 维

计算的发展影响着人们的思维方式。当前，科学研究包含三大思维：理论思维、实验思维和计算思维。计算思维以计算机学科为代表，是利用计算机求解问题的基本途径。

1. 计算思维的概念

2006 年，美国卡内基·梅隆大学计算机科学系主任周以真教授提出了计算思维(Computational Thinking)的概念。周以真教授认为：计算思维是运用计算机科学的基础概念去求解问题、设计系统和理解人类行为的一系列思维活动的统称。

周以真教授认为，计算思维的本质是抽象和自动化。它提出了面向问题解决的系列观点和方法，有助于人们更深刻地理解计算的本质和计算机求解问题的核心思想。例如，利用计算思维求解问题的过程是：首先把实际的应用问题转换为数学问题，即对问题的抽象和建模，然后设计算法并编程实现，最后在实际的计算机中运行并求解。前面的步骤是计算思维中的抽象，后面的步骤是计算思维中的自动化。

2. 计算思维的特征

计算思维的特征包括以下六点。

(1) 概念化，而不是程序化。计算思维是运用计算机科学的基础概念求解问题，设计系统及理解人类的行为，它涵盖了计算机科学之广度的一系列思维活动。计算科学不只是计算机编程，而是一种无处不在的计算。

(2) 根本的技能，而不是刻板的技能。刻板的技能意味着机械地重复，计算思维是一种根本的技能，是每一个人在信息社会中发挥职能必须掌握的技能。

(3) 是人的思维，而不是计算机的思维方式。计算思维是人类求解问题的一条途径，但并不是说要让人类像计算机那样思考。计算机枯燥且沉闷，而人类聪明且富有想象力，使用计算思维控制计算设备，就能够利用其强大的计算能力来解决复杂的计算问题，就能够解决那些在计算时代之前不敢尝试的问题。

(4) 数学和工程思维的互补和融合。计算机科学在本质上源于数学思维，像所有的科学一样，其形式化基础建立在数学之上。同时，计算机科学又从本质上源自工程思维。软硬件的限制，使人们必须进行计算性思考，这种思维方式是数学思维和工程思维的互补和融合。

(5) 是思想，而不是产品。不能只是将生产的产品呈现在我们的生活中，更重要的是计算的思想；要将计算的思想应用于问题求解、日常管理及与他人的交流活动中，即计算的概念无处不在。

(6) 面向所有人，所有地方。当计算思维真正融入人类生活时，作为一个解决问题的有效工具，人人都应该掌握，任何地方都将使用它。

　　总之，随着以计算机科学为基础的信息技术的迅猛发展，计算思维的作用日益凸显。在计算机科学中，抽象、分层和模块化是最重要的概念，极大地推动了计算机技术的发展；三者之间密不可分，相互联系，相互作用。

本 章 习 题

一、填空题

　　1. 第一台电子计算机是 1946 年诞生的，被命名为_____。

　　2. 根据电子计算机所采用的_____的不同，一般将电子计算机的发展划分为四个阶段。

　　3. 计算机的特点包括_____、_____、_____、_____和_____。

　　4. 计算机按信息的表示方式可分为_____、_____和_____。

　　5. 计算机按用途可分为_____和_____。

　　6. 计算机辅助设计简称为_____。

　　7. 电子计算机的发展趋势是_____、_____、_____和_____。

　　8. 未来的新型计算机有_____、_____、_____、_____、_____和_____等。

　　9. 计算机中数据通常都是用_____进制形式来表示、存储、处理和传输的。

　　10. 目前，英文字符使用最广泛的编码是_____。

二、选择题

　　1. 第四代计算机采用(　　)作为基本逻辑部件。
　　A. 电子管　　　　　　　　　B. 晶体管
　　C. 中、小规模集成电路　　　D. 大规模、超大规模集成电路

　　2. 早期的计算机主要用于(　　)。
　　A. 科学计算　　　　　　　　B. 数据处理
　　C. 过程检控　　　　　　　　D. 计算机辅助系统

　　3. 目前计算机应用最广泛的一个领域是(　　)。
　　A. 科学计算　　　　　　　　B. 数据处理
　　C. 过程检控　　　　　　　　D. 计算机辅助系统

　　4. 计算机对汉字信息的处理过程实际上是各种汉字编码之间的转换过程，汉字编码包括(　　)。(多选题)
　　A. 输入码　　　　　　　　　B. 国标码
　　C. 机内码　　　　　　　　　D. 字形码

三、简答题

　　1. 简述计算思维的概念。

　　2. 简述计算思维的本质和特征。

四、计算题

1. 分别将二进制数 1011.101B、八进制数 75.3O、十六进制数 CD8H 转换为十进制数。

2. 将十进制整数 56 分别转换为二进制数、八进制数和十六进制数。

3. 将十进制小数 0.3125 分别转换为二进制数、八进制数和十六进制数。

4. 将十进制数 234.25 分别转换为二进制数、八进制数和十六进制数。

5. 将二进制数 1100101.101B 分别转换为八进制数和十六进制数。

6. 将八进制数 305.2O 转换为二进制数。

7. 将十六进制数 7B8.EH 转换为二进制数。

第 2 章　计算机系统

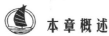 **本章概述**

　　本章首先对冯·诺伊曼体系结构进行了详细的介绍，并阐述了计算机的工作原理；其次详细介绍了计算机硬件系统，包括中央处理器、存储器、输入/输出设备、总线和接口以及其他设备等；最后重点介绍了软件系统，包括系统软件和应用软件。

 学习目标

> **知识目标**

◇ 了解计算机硬件和软件的概念及其关系；
◇ 了解计算机的性能评价指标；
◇ 了解计算机应用软件；
◇ 理解存储器的分类、内存 RAM 与 ROM 的区别及其作用；
◇ 理解计算机系统的工作原理；
◇ 掌握计算机硬件系统的各个组成部分及其作用。

> **能力目标**

◇ 通过让学生观察计算机的结构和主要部件，了解计算机结构及各组成部分的作用；
◇ 通过学习活动让学生体验计算机软件的分类及其作用，并归纳计算机系统的组成结构图。

> **素质目标**

◇ 激发学生学习计算机知识的兴趣和积极探究的精神。

知识导图

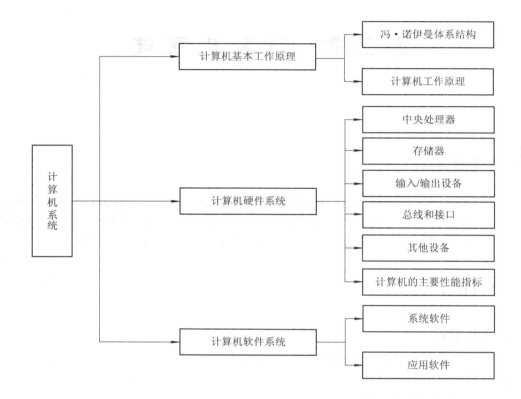

2.1　计算机基本工作原理

计算机的工作原理是存储程序控制，冯·诺伊曼结构计算机的诞生奠定了计算机的基本思想和结构，是计算机发展史上的里程碑。

2.1.1　冯·诺伊曼体系结构

20 世纪 40 年代，数学家冯·诺伊曼提出了一种全新的通用计算机设计方案，该方案的主要设计思想如下：

(1) 采用二进制表示数据和指令。

(2) 计算机的结构由运算器、控制器、存储器、输入设备和输出设备五大部件组成。

(3) 计算机采用"存储程序"的方式工作，即事先编制程序(包括指令和数据)，并将程序存入存储器中，使计算机在工作中能自动地从存储器中取出程序代码和操作数，并连续自动执行。

依据冯·诺伊曼思想制造的计算机被称为冯·诺伊曼结构计算机。冯·诺伊曼结构(如图 2-1 所示)是现代计算机的基础，现在大多数的计算机仍是冯·诺伊曼计算机的组织结构，只是做了一些改进。冯·诺伊曼也因此被人们称为"现代计算机之父"。

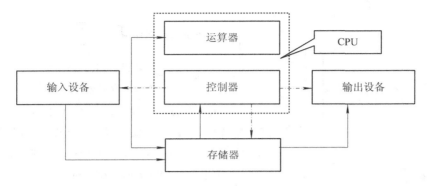

图 2-1　冯·诺依曼结构

在图 2-1 中，实线为数据流，虚线为控制流。当计算机开始工作后，输入设备在控制器的控制下输入解题程序和原始数据，控制器从存储器中按程序设计的顺序逐条读出指令，并发出与各条指令相对应的控制信号，指挥和控制计算机各个部分协调工作，使整个信息处理过程在程序控制下自动实现，最后将处理的结果通过输出设备显示出来。

2.1.2　计算机工作原理

计算机的工作过程即执行指令的过程。如果要让计算机工作，就要先编写程序，然后通过输入设备送到存储器中保存起来，即存储程序。根据冯·诺依曼的设计，计算机能够自动按编写的程序一步一步地取出指令，并根据指令的要求控制计算机的各个部分运行，程序执行完成后，用户从输出设备上得到计算机处理的结果，这样就完成了整个工作过程。这就是计算机的工作原理，也称冯·诺依曼原理。

简单来说，程序执行的过程可分为如下四个基本步骤：

(1) 编辑程序：通过输入设备送到存储器保存。

(2) 取出指令：从存储器某个地址中取出要执行的指令，送到 CPU(Central Processing Unit，中央处理器)内部的指令寄存器中暂存。

(3) 分析指令：把取出的指令送至指令译码器中，译出要进行的操作。

(4) 执行指令：向各个部件发出相应控制信号，完成指令要求。

2.2　计算机硬件系统

计算机系统由硬件系统和软件系统两部分组成。硬件系统指构成计算机的各种物理设备，软件系统指计算机使用的程序集合及相关文档资料。硬件系统和软件系统相辅相成，缺一不可。没有安装任何软件系统的计算机称为"裸机"。只有硬件系统和软件系统协调配合，才能有效地发挥计算机的功能，为用户提供服务。

在计算机硬件系统中，通常把运算器、控制器和内存储器合称为主机，主机以外的部分称为外部设备，外部设备包括外部存储器、输入设备和输出设备等。计算机系统的基本组成如图 2-2 所示。

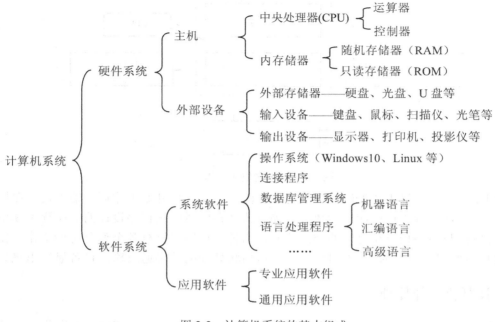

图 2-2　计算机系统的基本组成

2.2.1　中央处理器

中央处理器也称为微处理器，是计算机的运算核心和控制核心。计算机的所有操作都受 CPU 控制，它直接影响着整个计算机系统的性能。

1. CPU 的构成

CPU 主要由运算器、控制器和寄存器等部件构成。

运算器(Arithmetic Unit)：是执行各种算术和逻辑运算的部件。运算器的基本操作包括算术运算(加、减、乘、除)和逻辑运算(与、或、非、异或)等。运算器进行的操作都由控制器决定。

控制器(Control Unit)：是计算机的指挥调度中心，用来协调和指挥整个计算机系统的工作。它的基本功能就是从内存中提取指令和执行指令，然后向有关部件发出控制命令，并执行指令。

寄存器(Register)：是 CPU 内部重要的数据存储资源，读/写速度非常高，一般用来临时存储指令、地址、数据和计算结果等。

目前，中央处理器的供应商主要是 Intel 和 AMD 两大公司。常用的微处理器有 Intel 公司的 Core i3、i5、i7 和 i9 系列，以及 AMD 公司的 FX、A10、Ryzen(锐龙)和速龙系列等。随着我国自主研发的"龙芯"系列中央处理器的出现，有可能打破这种局面，尽管"龙芯"系列中央处理器的技术还未达到世界先进水平，但发展迅速，前景光明。Intel 公司 Core i9 系列的 CPU 如图 2-3 所示。

图 2-3　Core i9 系列中央处理器

2. CPU 主要性能指标

CPU 的性能直接反映了它所配置计算机的整体性能，了解和掌握 CPU 的性能指标对选购和使用计算机很有帮助。CPU 的主要性能指标包括以下五个方面：

1) 主频

主频指 CPU 内核工作的时钟频率，即 CPU 的工作频率。一般说来，主频越高，CPU 的速度越快。目前，主频一般以 GHz 为单位。例如，某计算机采用的处理器是 Intel Core i7 5960x 3.0 GHz，表示 CPU 型号为 Intel 的酷睿 i7 5960x，主频是 3.0 GHz。

2) 字长

字长指计算机在同一时间内处理的一组二进制数的位数。字长是计算机的一个重要技术指标，它直接反映了一台计算机的计算精度。在其他指标相同时，字长越大，计算机处理数据的速度就越快，运算精度越高。CPU 的字长由最初的 4 位逐渐发展到 8 位、16 位、32 位和 64 位。目前市面上的大部分 CPU 都是 64 位处理器。

3) 外频和倍频

外频即 CPU 的基准频率，是指 CPU 到芯片组之间的总线速度，是 CPU 与主板之间同步运行的速度，因此 CPU 的外频决定着主板的运行速度。倍频是指 CPU 主频与外频之间的相对比例关系，用公式表示为

$$主频 = 外频 × 倍频$$

在外频相同的情况下，倍频越高，CPU 主频就越高；但实际上，高倍频的 CPU 意义并不大。这是因为 CPU 与系统之间数据传输速度是有限的，一味追求高倍频而得不到高主频的 CPU 就会出现"瓶颈"效应——CPU 从系统中得到数据的极限速度不能满足 CPU 运算的速度。

4) 缓存

缓存的结构和大小对 CPU 的影响很大。CPU 内缓存的运行频率非常高，一般是和处理器同频工作的，其工作效率远大于系统内存和硬盘。

5) 内核数量

CPU 内核数量是指物理上一个 CPU 芯片上集成的内核单元数。目前 CPU 芯片往往都包含 2 个、4 个、6 个或更多个 CPU 内核，每个内核都是一个独立的 CPU。和传统的单核 CPU 相比，多核 CPU 并行处理能力更强，CPU 芯片的整体性能更高、计算机密度更高，同时也大大减少了功耗。

2.2.2　存储器

存储器(Memory)是计算机用来存放程序和数据的设备,它体现了计算机的记忆能力。计算机中的所有信息都是以二进制代码的形式表示的,因此必须使用具有两种稳定状态的物理器件来存储信息,目前主要有磁性材料、半导体材料和光设备等。存储器的分类很多,根据存储器在计算机中的作用或所处的位置不同,可将其分为主存储器(内存)和辅助存储器(外存)。

存储容量的基本单位是字节(Byte)。除此之外,常用的存储容量单位还有 KB(千字节)、MB(兆字节)、GB(吉字节)和 TB(太字节)。它们之间的关系为

1 B = 8 bit(比特位,是表示信息的最小单位,为一个二进制数位 0 或 1)

$1 \text{ KB} = 2^{10} \text{ B} = 1024 \text{ B}$

$1 \text{ MB} = 2^{10} \text{KB} = 1024 \text{ KB}$

$1 \text{ GB} = 2^{10} \text{MB} = 1024 \text{ MB}$

$1 \text{ TB} = 2^{10} \text{ GB} = 1024 \text{ GB}$

1. 主存储器

主存储器(又称内存储器,简称主存或内存)用来存放当前计算机正在运行的程序和数据。内存速度较快,但容量有限。内存容量的大小反映了计算机即时存储信息的能力,内存容量越大,计算机系统功能就越强。主存储器分为随机存储器(Random Access Memory,RAM)和只读存储器(Read-Only Memory,ROM)两类。

1) 随机存储器

随机存储器(RAM)也叫读写存储器,存储当前使用的程序、数据、中间结果和与外存交换的数据,可直接与 CPU 交换信息。RAM 有两个主要特点:一是可以随时读/写,且速度很快;二是数据的易失性,即一旦断电,RAM 中存储的数据就会丢失。

RAM 可分为静态 RAM(Static RAM,SRAM)和动态 RAM(Dynamic RAM,DRAM),计算机的动态随机存储器就是内存条,如图 2-4 所示。目前常用的容量有 1 GB、2 GB、4 GB、8 GB 和 16 GB 等。

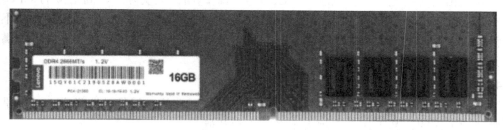

图 2-4　内存条

2) 只读存储器

只读存储器(ROM)是只能读出不能写入信息的存储器,其最初存储的信息是由厂家一次性写入的,即将相关的程序指令固化在存储器中。ROM 常用来存放不需修改且需长时间保存的程序和数据,如监控程序、汉字库和系统硬件信息等,最典型的是 ROM BIOS(基本输入输出系统),每次启动计算机时由其引导启动系统。当计算机断电后,信

息不会丢失，仍会保存在 ROM 存储器内。此外，也有能"写"的 ROM，如 PROM(可编程只读存储器)、EPROM(可擦除可编程只读存储器)和 EEPROM(电可擦除可编程只读存储器)。

　　RAM 与 ROM 有显著的区别：RAM 只能临时存储信息，一旦断电，信息立即消失；ROM 在断电情况下也可以存放存储信息。

2. 外存储器

　　外存储器(又称辅助存储器，简称外存或辅存)存放暂时不使用的信息，是计算机不可缺少的外部设备，既可作输入设备又可作输出设备。外存中的数据必须先调入内存才能被 CPU 处理。和内存相比，外存储器的优点是容量大，价格低，断电后信息不会丢失，可以长期保存；缺点是读/写速度慢。常用的外存有硬盘、光盘、优盘和移动硬盘等。

　　1) 硬盘

　　硬盘(Hard Disk Drive，HDD)是计算机非常重要的外存储器，主要由盘片、读写磁头、马达、底座和电路板等组成，如图 2-5 所示。硬盘具有容量大、数据存取速度较快、存储数据可长期保存等特点，计算机中的绝大部分程序和数据都以文件的形式存放在硬盘上，当需要时调入内存。目前计算机的硬盘容量一般都是上百个 GB 甚至几个 TB。在计算机系统中，硬盘驱动器的符号用一个英文字母表示，如 C 盘、D 盘和 E 盘等。

图 2-5　硬盘

　　硬盘存取数据是通过一种称为磁盘驱动器的机械装置对磁盘的盘片进行读/写来实现的，存储数据叫做写磁盘，读取数据叫做读磁盘。硬盘容量由记录密度、磁道密度以及面密度来决定，硬盘中的每个存储表面被划分成若干个同心圆磁道，每个磁道划分成一组扇区(如图 2-6 所示)，每个扇区包含相同的数据位，与盘面中心主轴距离相等的磁道构成柱面。扇区是磁盘进行物理读/写的最小单位。在 Windows 中，一般一个扇区是 512 个字节。

　　　　　　硬盘的存储容量 = 扇区字节数 × 扇区数 × 磁道数 × 面数

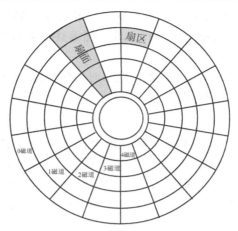

图 2-6　扇区和磁道

传统的采用磁性碟片来存储信息的硬盘称为机械硬盘(Hard Disk Drive，HDD)，而使用固态电子存储芯片阵列组成的硬盘称为固态硬盘(Solid State Drive，SSD)。SSD 采用闪存颗粒来存储，具有读取速度快、抗震性能强、功耗低、携带方便和噪音小等优点，但价格相对较高，容量较低，而且硬件一旦损坏，数据较难恢复。但随着科技的不断进步，硬盘密度不断增加，其功能和速度也在提高。

2) 光盘

光盘是一种利用激光技术存储信息的装置，又称激光光盘。光盘有两种状态，即平坦和凹坑，分别用"0"和"1"表示。光盘驱动器利用激光扫描光盘的表面来读取"0"和"1"。光盘可以存放文字、声音、图形、图像和动画等多种信息。

光盘从性能上可分为只读型光盘、一次写入型光盘和可擦写光盘。光盘的特点主要有：一是存储容量大，CD 为 700 MB 左右，DVD 可达十几 GB；二是读取速度快，CD-ROM 光驱的运算速度最初为单倍速率(150 KB/s)，目前主流速度是 50 或 52 倍速；三是可靠性高，信息保存时间长。

3) 优盘

优盘也称 U 盘或闪盘，是采用 Flash Memory(闪存)存储技术的一种便携式外部存储器，它通过 USB 接口与主机相连，实现即插即用。U 盘(如图 2-7 所示)重量轻，体积小，稳定性好，存取速度快，存储容量越来越大，且价格也越来越便宜。U 盘几乎可以与所有计算机相连，是日常工作、学习和生活的必备工具。常见的 U 盘容量有 4 GB、8 GB、16 GB、32 GB、64 GB、128 GB、256 GB、512 GB 和 1 TB 等。

图 2-7　U 盘

4) 移动硬盘

移动硬盘主要由外壳、电路板和硬盘三部分组成，主要使用 USB 和 IEEE1394 接口 (苹果公司开发的串行标准)，是一种性价比较高的存储设备，其优点是高速、大容量、轻巧便携、单位存储成本低和兼容性好；而且与台式机硬盘相比，移动硬盘具有良好的抗震性能，存储数据安全可靠。移动硬盘的外形如图 2-8 所示。目前移动硬盘的容量有 500 GB、1 TB、2 TB 和 4 TB 等，最高容量可达 12 TB。

图 2-8　移动硬盘

2.2.3　输入/输出设备

输入/输出设备，又称 I/O 设备，是计算机的外部设备之一，可以和计算机本体进行交互，如键盘和显示器等。

1. 输入设备

输入设备是向计算机输入数据和信息的设备，是用户和计算机系统之间进行信息交换的主要装置之一。常见的输入设备有键盘、鼠标、触摸屏、扫描仪、手写输入板、话筒、数码相机和游戏杆等。

1) 键盘

键盘(Keyboard)是最常用也是最主要的输入设备，其作用是向计算机输入英文字母、数字、标点符号、命令和程序等。当按下一个按键时，就会产生与该键对应的 ASCII 码，并通过接口送入计算机主机进行处理。

目前较常见的键盘有 102 键、104 键和 107 键三种类型，这些键盘的按键都很相似。按功能划分，标准键盘一般有四个分区：功能键区、主键盘区、数字小键盘(数字键区)和编辑键区。标准键盘的布局如图 2-9 所示。

图 2-9　标准键盘

键盘常用键的功能如表 2-1 所示。

表 2-1　键盘常用键的功能

常用键	功　　能
Shift(上挡转换键)	用来选择某键的上挡字符。操作方法是：先按住 Shift 键不放，再按具有上下挡符号的键，输入该键的上挡字符
Caps Lock(大写锁定键)	用于大小写字母的转换
Tab(制表定位键)	按下该键时，可使光标移到下一制表位，也可将焦点移到下一个对象上
Backspace(退格键)	按下此键，可删除光标前的一个字符
Ctrl(控制键)	用于与其他键组合成其他各种复合功能
Alt(交替换挡键)	用于与其他键组合成其他各种复合功能
Esc(强行退出键)	按此键可强行退出程序
Print Screen(屏幕复制键)	按此键可以将当前屏幕内容复制到剪贴板
Scroll Lock 键(屏幕锁定键)	该键主要是用在 Excel 表格中的，按下 Scroll Lock 键，在 Word 或 Excel 中按上下键锁定光标的同时滚动页面；如果没按这个键，按上下键就只是移动光标而不会滚动页面
Pause/Break(中断/暂停键)	一般用于暂停某项操作，或中断命令、程序的运行(常与 Ctrl 键配合使用)

2) 鼠标

鼠标(Mouse)是一种点击式输入设备。鼠标的使用使计算机的操作更加方便快捷。鼠标分有线鼠标和无线鼠标两种。鼠标可以对当前屏幕上的游标进行定位，并通过按键和滚轮装置对游标所经过位置的屏幕元素进行操作；在软件支持下，通过鼠标器上的按钮，可向计算机发出输入命令或完成某种特殊的操作。

鼠标按工作原理可分为机械式鼠标和光电式鼠标两种。机械式鼠标利用鼠标内圆球的滚动来触发传动轨控制鼠标指针的移动。现在常用的是光电式鼠标，即用光的反射来启动鼠标内部的红外线发射和接收装置。光电式鼠标比机械式鼠标定位精度更高。

鼠标按其按键的多少，可以分为两键鼠标和三键鼠标，最左边的键是拾取键，最右边的键为消除键，中间的键是菜单选择键。目前常用的鼠标有左右两个键，中间是一个滚轮，外形如图 2-10 所示。

图 2-10　鼠标

3) 扫描仪

扫描仪(Scanner)是一种捕获影像的装置，是继鼠标和键盘之后的第三大输入设备。扫描仪利用光电技术和数字处理技术，以扫描方式捕获图形或图像信息，并将之转换成计算机可以显示、编辑、存储和输出的数字格式。照片、文本和图纸，甚至纺织品和印制板样品等都可通过扫描仪提取信息，并将原始的线条、图形、文字和照片等转换成可以编辑的数字文件。

4) 触摸屏

触摸屏(Touch Screen)是一种透明、直观的感应式液晶显示多媒体输入设备，如图 2-11 所示，使用者通过触摸检测装置就可以控制计算机的操作。它是一种简单、自然、方便的交互方式，将输入和输出集成在一个设备上，简化了交互过程。与传统的输入设备相比，触摸屏具有操作直观、耐用、速度快、节省空间和用途广泛等优点。根据触摸方式，触摸屏可以分为接触式触摸屏和非接触式触摸屏。触摸屏的用途非常广泛，常见的有智能手机、提款机和触控电脑等。

图 2-11　触摸屏

2. 输出设备

输出设备用于数据的输出，即将内存中计算机处理后的数据或信息等以数字、字符、图像和声音等形式表现出来。常见的输出设备有显示器、打印机、绘图仪、影像输出系统和语音输出系统等。

1) 显示器

显示器(Display)又称监视器，是计算机主要的输出设备，通过信号线同显卡连接，用于显示键盘输入的命令或数据，及计算机数据处理的结果等。根据制造材料的不同，显示器可分为阴极射线管显示器(CRT)、等离子显示器(PDP)、液晶显示器(LCD)和 LED 液晶显示器等。

LED 液晶显示器是目前的主流。LED 是一种通过控制半导体发光二极管的显示方式来显示文字、图形、图像、动画、视频和录像信号等各种信息的显示屏幕，主要用于广场、商场、体育场馆等中大型屏幕信息的显示。相比于传统的 LCD 显示器，LED 显示器的厚度更小、更节能、更环保。

显示器的主要技术参数有如下四个：

(1) 分辨率(Resolution)。分辨率是用点(像素)来衡量的，是指整个显示器上水平像素和垂直像素的数量。常用的分辨率有 1024×768、1280×720、1366×768 和 1920×1080 等。分辨率越高，画面包含的像素数越多，字符或图像也就越清晰、细腻。

(2) 点距(Dot Pitch)。点距是指一种给定颜色的一个发光点与离它最近的相邻同色发光点之间的距离，这种距离不能用软件来更改。在相同分辨率下，点距越小，图像越清晰，分辨率和图像的质量就越高。

(3) 刷新率(Refresh Rate)。刷新率指屏幕刷新的速度，单位为 Hz(赫兹)。刷新率越高，图像的质量就越好，闪烁越不明显，使用者的视觉感受就越舒适；相反，刷新率越低，图像抖动越厉害，使用者的眼睛越易感到疲劳。目前液晶显示器的刷新率一般设为 60 Hz 左右。

(4) 功耗(Power Consumption)。功耗指的是单位时间中消耗的能源数量，显示器的功耗一般较大。美国国家环境保护局(Environmental Protection Agency，EPA)发起了一项"能源之星"计划，该计划规定，在微机非使用状态，即待机状态下，耗电低于 30 W(瓦特，国际单位制的功率单位)的电脑和外围设备，均可获得 EPA 的能源之星标志。因此，在购买显示器时，要看它是否有 EPA 标志。

2) 打印机

打印机(Printer)是计算机的输出设备之一，用于将计算机处理结果打印在相关介质上。按工作方式的不同，打印机可分为针式打印机、喷墨式打印机和激光打印机等，这三种打印机如图 2-12 所示。

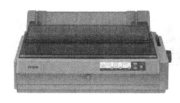

图 2-12　针式、喷墨式及激光打印机

(1) 针式打印机。针式打印机是打印头上由金属针状的点组成字符的打印机。虽然其打印成本低，使用方便，但打印质量低，工作噪声大，目前主要用于银行和超市等场所的票据打印。

(2) 喷墨式打印机。喷墨式打印机是采用非击打的工作方式，把墨水直接喷到纸上形成字符的打印机。其优点是体积小、操作简单、噪音低和打印效果好；缺点是打印速度慢，维修费较高。

(3) 激光打印机。激光打印机是将激光扫描技术和电子照相技术相结合，使用激光束和静电影印技术产生字符或图像的电子成像设备。相较于其他打印设备，激光打印机有速度快、分辨率高、无噪音和成像质量高等优点，但使用成本相对高昂。

目前正在普及一种新的打印技术——3D(3-Dimension，三维)打印。3D 打印是一种以数字模型文件为基础，运用粉末状金属或塑料等可黏合材料，通过逐层打印的方式来构造物体的技术，现正逐渐用于一些产品的直接制造。3D 打印机是使用快速成形技术的一种机器，如图 2-13 所示。

图 2-13　3D 打印机

3）投影仪

投影仪(Projector)是一种可以将图像或视频投射到幕布上的一种输出设备，通过不同的接口与计算机、VCD 和 DV 等相连来播放图像或视频，如图 2-14 所示。投影仪广泛应用于办公室和学校等场所。按投影方式划分，投影仪分为直投式投影仪和背投式投影仪；按投影成像器件划分，投影仪可分为电子管式投影仪、液晶式投影仪和数码投影仪。

投影仪的性能指标是区别投影仪档次高低的标志，主要有光输出、水平扫描频率(行频)、垂直扫描频率(场频)、视频带宽、分辨率、亮度和聚焦等性能。

图 2-14　投影仪

2.2.4　总线和接口

1. 总线

总线(Bus)是一组连接计算机各个功能部件的公共通信线，即两个或多个设备之间进行通信的路径。计算机中的总线一般有内部总线、外部总线和系统总线。其中，系统总线按其功能(即按总线上计算机传输信息的类型不同)，可分为数据总线(Data Bus，DB)、地址总线(Address Bus，AB)和控制总线(Control Bus，CB)，分别用来传输数据信息、地址信息和控制信号。总线结构如图 2-15 所示。

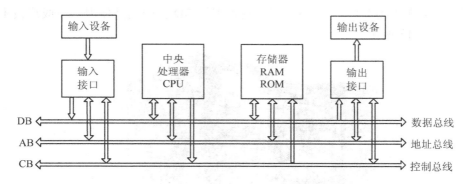

图 2-15　总线结构

2．接口

接口也称输入/输出接口(I/O 接口)，其功能是连接主机和外部设备并实现两者之间数据的传输，解决计算机不同设备之间的速度、时序和数据类型等不匹配的问题。在计算机硬件系统中，CPU 与内存之间、内存与硬盘等外部存储设备之间、输入设备和输出设备与主机之间要不断地相互交换信息、传输数据，总线和接口就是用来实现以上信息沟通和信息传输的硬件设备。通常总线和接口都固化在主板上。计算机常用的总线和接口如图 2-16 所示。

图 2-16　计算机中常用的总线和接口

2.2.5　其他设备

1．主板

主板又叫主机板(Mainboard)、系统板(Systemboard)或母板(Motherboard)，它安装在

机箱内，是计算机中最大的一块集成电路板，也是计算机中最重要的部件之一，如图 2-17 所示。计算机通过主板上的总线和接口，将 CPU 等硬件与外部设备等连接起来，形成一个完整的系统。主板是计算机的核心连接部件，其性能影响着整个计算机系统的整体运行速度和稳定性。

图 2-17　主板

主板上不仅装有主要的电路系统，还集成有芯片组、CPU 插槽、内存条插槽、BIOS 芯片、USB 接口、键盘鼠标接口和一些其他部件的接口等。其中，芯片组是主板的灵魂，芯片组性能的优劣决定了主板性能的好坏与级别的高低。因为 CPU 的型号与种类繁多、功能特点不一，如果芯片组与 CPU 的协同工作不佳，将严重影响计算机的整体性能，甚至会使计算机无法正常工作。

2．视频卡

视频卡(Video Card)一般指的是视频采集卡，是处理影像和图像的适配器。它可以通过摄像机和录像机等视频信号输出设备将视频及音频数据输入电脑，并转换为电脑可识别的数字数据存储在电脑中，并对其进行播放、视频编辑和传播，是处理图像与视频必不可少的硬件设备。视频卡广泛应用在安防、教育和医疗等领域，并在逐步实现高清化。

3．显卡

显卡(Graphics Card)承担显示图形的任务，即可以将电脑中的数字信号转换为模拟信号显示出来。显卡的外观如图 2-18 所示。显卡按结构形式可分为独立显卡和集成显卡。独立显卡是将显示芯片及其相关电路单独制作在一个电路板上，需占用主板的扩展插槽；集成显卡则是将显示芯片、相关电路等都制作在主板上，与主板融为一体，是一种特殊的显卡。

图 2-18　显卡

4. 声卡

声卡(Sound Card)也称音频卡，是实现声波/数字信号相互转换的一种硬件，是计算机多媒体系统中最基本的组成部分。声卡将话筒、磁带和光盘等声音信号加以转换，输出到耳机、音响和扩音机等设备，从而获得需要的声音效果。声卡主要分为板卡式、集成式和外置式三种接口类型。其中，集成式声卡以其技术成熟、价格低廉的优势，占据着当今声卡市场的主导地位，并具有更大的发展潜力。声卡的性能指标主要包括采样精度、采样频率、声道数媒、波表、3D 音效、Internet 支持和兼容性等。声卡的外观如图 2-19 所示。

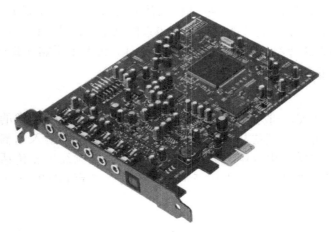

图 2-19　声卡

5. 网卡

网卡(Network Interface Controller，NIC)又称网络接口卡或网络适配器，是连接计算机和传输介质进行数据传输的设备。网卡具有唯一的编码，称为媒体存取控制(Media Access Control，MAC)地址，或称物理地址，该地址一般情况下固定不变。根据网卡所支持的总线接口的不同，网卡可分为 ISA 网卡、PCI 网卡和 USB 网卡；根据网卡的传输速率的不同，可将其分为 10 Mb/s(兆比特每秒，指每秒传输的位数量)网卡、10/100 Mb/s 网卡和 1000 Mb/s 网卡；根据网卡芯片是否集成在主板上，可将其分为板载网卡和独立网卡。网卡的外观如图 2-20 所示。

图 2-20　网卡

2.2.6　计算机的主要性能指标

通常从以下五方面来衡量计算机的性能。

1．主频

主频是指微型计算机中 CPU 的时钟频率，也就是 CPU 运算时的工作频率，单位是赫兹(Hz)。一般来说，主频越高，一个时钟周期里完成的指令数越多，CPU 的速度也就越快。

2．字长

字长是指计算机在同一时间内处理的一组二进制数的位数。字长决定了计算机的运算速度和精度，字长越长，计算机的运算精度越高，处理能力也就越强。目前 CPU 的字长主要是 32 位和 64 位。

3．存储容量

存储容量是衡量微型计算机中存储能力的一个指标，它包括内存容量和外存容量。内存容量反映内存存储数据的能力，内存容量越大，运算速度越快，微机处理信息的能力越强。外存容量通常是指硬盘容量，外存容量越大，可存储的信息就越多，可安装的应用软件就越丰富。

4．运算速度

运算速度是衡量计算机性能的一项重要指标。通常所说的计算机运算速度是指计算机每秒钟所能执行的指令条数，一般用"百万条指令/秒"(Million Instructions Per Second，MIPS)表示。影响计算机运算速度的因素很多，除 CPU 的主频外，还与字长、内存和主板等有关。

5．外部设备的配置及扩展性

外部设备的配置及扩展性是指计算机系统配接各种外部设备的可能性、灵活性和适应性，主要指微机主板所支持的总线类型，所提供的接口和插槽的类型和数目等。

2.3　计算机软件系统

计算机软件是指用计算机语言编写的程序、运行程序所需的数据以及文档的完整集合，软件是用户与硬件之间的接口，它在用户和计算机之间架起了桥梁，给用户的操作带来极大的方便。计算机软件一般分为系统软件和应用软件。

2.3.1　系统软件

系统软件是计算机系统的基本软件，主要功能是管理、控制、维护和开发计算机的软硬件资源，提供给用户一个便利的操作界面和编制应用软件的资源环境，其他程序都要在系统软件的支持下运行。系统软件一般在购买计算机时随机携带，也可以根据需要另行安装。

系统软件包括操作系统、语言处理程序、数据库管理系统和服务程序等。

1．操作系统

操作系统(Operating System，OS)是管理和控制计算机硬件与软件资源的计算机程序，是直接运行在计算机硬件上的最基本的系统软件。任何其他软件都必须在操作系统的支持下才能运行。因此，操作系统是所有软件的基础和核心。

操作系统是用户和计算机的接口，同时也是计算机硬件和其他软件的接口。操作系统的功能包括管理计算机系统的硬件、软件及数据资源；控制程序运行，为其他应用软件提供支持，使计算机系统中的所有资源最大限度地发挥作用；提供各种形式的用户界面，使用户有一个良好的工作环境；为其他软件的开发提供必要的服务和相应的接口等。

从操作系统管理资源的角度看，操作系统主要有作业管理、文件管理、处理器管理、存储管理和设备管理五大功能。

目前，计算机上常见的操作系统有 Windows 系列、UNIX、Linux 等。

2．语言处理程序

语言处理程序是利用计算机解决问题的手段和方法，它是为用户设计的编程服务软件，其作用是将高级语言源程序翻译成计算机能识别的目标程序，以便计算机能够运行。用于编写程序的计算机语言包括机器语言、汇编语言和高级语言。

机器语言是以二进制代码表示的指令集合，是计算机能直接识别、执行的计算机语言。汇编语言用助记符来表示机器指令，用符号地址来表示指令中的操作数和地址。与机器语言相比，汇编语言更直观、易理解，但通用性不强。机器语言和汇编语言都是面向机器的程序设计语言，均称为"低级语言"。高级语言是一种独立于机器，面向过程或对象的语言，其表达方式更接近人们求解过程或问题的描述方式。使用高级语言编写的程序称为源程序，源程序必须翻译成机器指令才能被计算机识别并执行。

3．数据库管理系统

数据库管理系统(DataBase Management System DBMS)是一种操纵和管理数据库的

大型软件，用于建立、使用和维护数据库。DBMS 能够有效地对数据库中的数据进行统一管理和控制，以保证数据库的安全性和完整性，实现数据的共享。同时，它可支持多个应用程序和用户用不同的方法在同时刻或不同时刻去建立、修改和询问数据库。

数据库管理系统是数据库系统的核心。数据库管理系统主要用于档案管理、财务管理、图书资料管理、仓库管理和人事管理等。目前，常用的数据库管理系统有 ACCESS、MySQL、Sybase、Oracle、DB2、SQL Server 等。

4. 服务程序

服务程序是一类辅助性程序，是为满足用户特定目的而开发的、能够解决特定问题的软件，例如设备驱动程序、设备诊断程序和软件维护程序等。

2.3.2 应用软件

应用软件是根据用户自身需求开发的、能够解决特定问题的软件，种类繁多，具有很强的实用性。它可以拓宽计算机系统的应用领域，放大计算机硬件的功能。人们在使用计算机的过程中，大量的实际工作都需利用各种各样的应用软件来完成。

按照应用软件的开发方式和适用范围，应用软件可分成应用软件包和用户程序两大类。

1. 应用软件包

应用软件包是利用计算机解决某类问题而设计的程序的集合，供多用户使用，如办公软件(Microsoft Office、WPS Office)、辅助设计软件(AutoCAD)、文件压缩软件(WinRAR)、杀毒软件(360 系列、金山系列)和图形图像处理软件(Photoshop)等。这些软件都设计得很精巧，易学易用，在普及计算机应用的过程中，它们起到了很大的作用。

2. 用户程序

用户程序是按照不同领域用户的特定应用要求，为解决特定的问题而二次开发的软件，是在系统软件和应用软件包的基础上开发的，如超市销售管理系统、大学教务管理系统、医院挂号计费系统和酒店客房管理系统等。这类软件专用性强，设计和开发成本相对较高，价格比通用应用软件贵。

本 章 习 题

一、填空题

1. 冯·诺伊曼计算机主要包括五大部件：运算器、控制器、_____、输入设备和_____。

2. _____是计算机的运算核心与控制核心，由运算器和控制器组成，具有解释指令、控制指令执行、时间控制以及数据处理等功能。

3. 存储容量的基本单位是_____。

4. 输入/输出设备是数据处理系统的关键外部设备之一，主要分为两类。其中，显示器、打印机和投影仪属于_____，键盘、鼠标和扫描仪属于_____。

5. 软件按性质和功能划分为_____与_____两大类。

6. _____是管理和控制计算机硬件与软件资源的计算机程序，是直接运行在"裸机"上的最基本的系统软件。

二、简单题

1. 简述计算机的基本工作原理。

2. 什么是随机存储器(RAM)和只读存储器(ROM)？简述二者的区别。

3. 简述内存和外存各自的特点。

4. 列举常见的输入设备和输出设备。

5. CPU 的性能指标有哪些？

第3章　操作系统

 本章概述

　　操作系统是直接运行在裸机上的最基本的系统软件,计算机资源(包括硬件资源与软件资源)是由操作系统管理和控制的,任何其他软件都必须在操作系统的支持下才能运行。为了更加熟练地使用计算机,首先需要了解操作系统。本章主要介绍了操作系统的发展及其主要功能。

 学习目标

　　➢ **知识目标**

　　◇ 了解操作系统的基本概念及发展;
　　◇ 了解常用的主流操作系统;
　　◇ 掌握进程的概念及特征;
　　◇ 掌握操作系统的主要功能。

　　➢ **能力目标**

　　◇ 能够描述操作系统的作用和发展;
　　◇ 能够描述进程的特征和状态;
　　◇ 能够描述操作系统的主要功能;
　　◇ 能够描述主流操作系统。

　　➢ **素质目标**

　　◇ 理解和掌握计算机操作系统的基本工作原理、设计技术及设计方法;
　　◇ 了解现代操作系统的新思想、新技术和发展研究动向;
　　◇ 树立热爱科学和实事求是的学风;
　　◇ 培养创新意识和创新精神。

知识导图

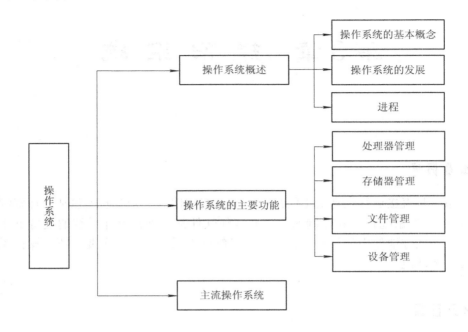

3.1　操作系统概述

计算机系统由硬件系统和软件系统两部分组成。其中，软件系统由系统软件和应用软件等组成。而系统软件又分为操作系统和实用程序等。操作系统是最基本、最重要的系统软件。

3.1.1　操作系统的基本概念

如果说硬件系统是计算机系统实现各种操作的物质基础，则软件系统就是计算机的灵魂，没有任何软件支持的计算机称为裸机。在计算机软件系统中，各种实用程序和应用程序都是运行在操作系统之上的，以操作系统作为支撑环境，向用户提供完成其作业所需的各种服务。

操作系统是管理和控制计算机硬件与软件资源的计算机程序，是直接运行在计算机硬件上的最基本的系统软件。操作系统在计算机系统中所起的作用，可以从用户、资源管理等不同角度进行分析和讨论。

1. 操作系统是用户和计算机硬件系统的接口

操作系统处于用户和计算机硬件系统之间，通过操作系统，用户可以使用计算机。也可以说，在操作系统的帮助下，用户能够方便、快捷地使用计算机硬件及运行程序。图 3-1 给出了操作系统与计算机软硬件以及用户之间的关系。

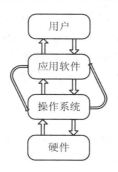

图 3-1 操作系统与计算机软硬件以及用户之间的关系

2. 操作系统是计算机资源的管理者

在计算机系统中，通常都含有多种硬件和软件资源，这些资源归纳起来可分为处理器、存储器、I/O 设备以及文件等。操作系统的主要功能正是对这些资源进行有效的管理。

3.1.2 操作系统的发展

操作系统并不是与计算机硬件同时诞生的，而是在人们使用计算机的过程中，为了提高计算机系统的资源利用率、增强计算机系统的性能，逐步地形成和完善起来的。随着计算机技术和软件技术的日益发展，操作系统的功能也不断得到完善和提高，逐渐成为计算机系统的核心。

1. 早期操作系统的发展

1) 人工操作阶段

第一代计算机是以电子管作为电子元器件的，采用定点运算方式；当时还没有操作系统的概念，计算机只是简单地、机械地运算。晶体管的出现，大大提高了计算机的运算速度，这就使得计算机的运行速度与人工操作的速度之间产生了巨大的差异。

2) 单道批处理操作系统

为了解决计算机的运行速度与人工操作速度之间的差异，实现作业处理自动化，提高 CPU 的利用率，出现了批处理操作系统的思想。批处理操作系统是以作业为基本单位，将作业按照性质分组，再成组地交给计算机系统，当计算机自动运行完成后就会输出结果，这样可以减少作业建立和结束过程中的时间浪费。操作过程中的作业是从外存调入内存中的，根据在内存中允许存放的作业数，批处理操作系统分为单道批处理操作系统和多道批处理操作系统。早期的批处理系统属于单道批处理系统。

单道批处理操作系统的特点是：只有当前正在运行的作业才能存放在内存中，即内存中只允许存放一个作业，按顺序执行作业，执行方式是先进先出。因为只有一道程序在内存中，所以当程序在运行中发出 I/O 请求后，CPU 只能处于等待状态，必须在其 I/O 请求结束后才能继续运行。同时，由于 I/O 设备的速度很低，CPU 的利用率不高。所以，单道批处理操作系统最主要的缺点是操作系统中的资源得不到充分利用。

3) 多道批处理操作系统

为了提高 CPU 的利用率，使系统中的资源能够充分得到利用，多道批处理系统因此产生了。在多道批处理系统中，很多道作业可以在内存中同时存在，作业在使用 CPU 时是通过一定的作业调度算法执行的，所以作业执行的顺序和它们进入内存的顺序没有严格的对应关系。如当作业 A 在等待 I/O 处理时，CPU 会调度作业 B 运行，这样就可以大大提高 CPU 及其他系统资源的利用率。多道批处理操作系统主要有以下两个特点：

(1) 多道。多道作业可以在内存中同时存在，并且这些作业是同时处于运行状态的，它们共享 CPU 和外部设备等资源。

(2) 成批处理。成批处理表示一次可以处理"一批"作业。

多道批处理操作系统的缺点是缺少交互性。因为延长了作业的周转时间，所以用户不能直接干预程序执行。

4) 分时操作系统

由于在批处理系统中用户无法干预程序执行，于是针对这一问题提出了分时的概念。分时操作系统是指用户通过终端共享一台主机的工作方式。分时操作系统将 CPU 的时间划分成若干个片段，称为时间片。以时间片为单位，操作系统轮流为每个终端用户服务。每个终端用户轮流使用一个时间片，同时他们并不会感觉到其他的用户存在。分时操作系统有多路性、交互性、独占性和及时性等特点。常见的分时操作系统有 UNIX、Linux 和 Mac OS 等。

5) 实时操作系统

实时操作系统是在一定时间内能完成特定功能的操作系统。在实时操作系统中，计算机能及时响应外部事件的请求，在一定时间限制内完成对该事件的处理，并控制所有设备和任务统一协调工作。实时操作系统有高响应性、高实时性和高可靠性等特点，所以它主要用于过程控制和事务处理等有实时要求的领域。

分时操作系统与实时操作系统的主要区别是交互性与响应时间，其中实时操作系统注重响应时间，而分时操作系统注重交互性。

2. 现代操作系统的发展

1) 通用操作系统

通用操作系统是指同时具备多道批处理、实时和分时处理两种功能以上的操作系统，如 UNIX 是典型的多道批处理、实时和分时相结合的通用操作系统。

2) 嵌入式操作系统

嵌入式操作系统的用途非常广泛，包括与硬件相关的底层驱动软件、系统内核、设备驱动接口、通信协议和图形界面等。嵌入式系统的所有软、硬件资源的分配、任务调度，控制、协调并发活动都由其操作系统负责。嵌入式操作系统能够通过装卸某些模块来达到系统所要求的功能。嵌入式操作系统包括嵌入式实时操作系统 μC/OS-Ⅱ，以及在智能手机和平板电脑上使用的 Android(安卓)系统等。

3) 网络操作系统

网络操作系统是按网络体系结构协议标准开发、基于计算机网络的一种操作系统。它包括网络管理、通信、安全、资源共享和各种网络应用。网络操作系统不仅具有通用操作系统的管理功能，还具有高效可靠的网络通信能力和多种网络服务能力等。网络操作系统包括 UNIX、NetWare、Windows Server 等。

4) 分布式操作系统

为获得很高的运算能力、广泛的数据共享及实现分散资源管理等功能，大量计算机通过网络被连接在一起，而为分布计算系统配置的操作系统称为分布式操作系统。分布式操作系统的特点是具有网络操作系统的功能，以及透明性、可靠性和高性能等。

3. 微机操作系统的发展

1) 单用户单任务操作系统

单用户单任务操作系统是指同一时间只能有一个用户使用一台计算机，并且该用户一次只能提交一个任务，即一个用户独自享用系统的全部硬件资源和软件资源。单用户单任务操作系统主要有 MS-DOS 和 PC-DOS。

2) 单用户多任务操作系统

单用户多任务操作系统和单用户单任务操作系统相比，相同的是每次只能有一个用户使用，不同之处在于该用户一次可以提交多个任务的操作系统。Windows 操作系统即单用户多任务操作系统。

3) 多用户多任务操作系统

多用户多任务操作系统是指同一时间可以有多个用户同时使用一台计算机，并且同一时间可以执行由多个用户提交的多个任务。多用户多任务操作系统有 UNIX 和 Linux 操作系统。

3.1.3 进程

操作系统的核心目标是运行程序。进程是程序在计算机上的一次执行过程，是由程序运行而产生的。简单地说，进程就是程序的运行状态。

1. 进程的特征

进程具有以下四个特征。

1) 动态性

进程是一个动态活动过程，是有生命周期的。进程由操作系统创建、调度和执行。进程可以等待、执行和撤销。当运行一个程序时，就启动了一个或多个进程；当程序运行结束时，进程也就被撤销了。

2) 并发性

进程可以更真实地描述并发。并发是指在宏观上，在一段时间内，系统有多个程序在同时运行。在操作系统中，多个进程可同时活动，可以提高计算机系统资源的利用率。一个程序能同时与多个进程有关联。

3) 独立性

进程是一个能够独立运行的基本单位，也是系统资源分配和调度的基本单位。进程只有在获得资源后才能执行，当失去资源后会暂停执行。

4) 异步性

进程是按异步方式执行的，即多个进程之间按照各自独立的、不可预知的速度生存。一个进程什么时候被分配到 CPU 上执行、什么时间结束等，都是不可预知的，操作系统负责各个进程之间的协调运行。

2. 进程的状态和转换

我们知道，一个时刻 CPU 只能执行一个程序，所以进程在 CPU 上是交互执行的。那么，操作系统是如何管理这些交互执行的进程的呢？进程有三种基本状态：就绪状态、执行状态和阻塞状态，如图 3-2 所示。

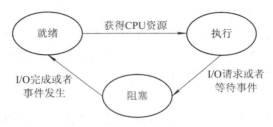

图 3-2　进程的三种基本状态

1) 就绪状态

当进程获得了除 CPU 之外的所有资源，做好执行准备后，就进入到就绪状态排队等待调用。一旦获得 CPU 资源，进程便立即执行，即由就绪状态转换为执行状态。

2) 执行状态

当有多个进程处于就绪状态等待调用时，其中一个进程先占用 CPU，则这个进程就处于执行状态。当进程进入执行状态后，在 CPU 中执行进程，每个进程在 CPU 中的执行时间很短，一般为几十纳秒，这个时间称为时间片。如果进程在 CPU 中执行结束，不需要再次执行时，则进程进入结束状态；如果时间片已用完，但进程还没有结束，则进入阻塞状态。

3) 阻塞状态

进程执行中，如果时间片已经用完，或一个进程需要等待某个事件而不能运行时，操作系统将其阻塞，并把 CPU 的使用权交给另一个处于就绪状态的进程去执行；如果处于阻塞状态的进程所等待的事件已经发生，那么这个进程就可以由阻塞状态转换为就绪状态。

3.2　操作系统的主要功能

操作系统提供用户和计算机之间的交互界面，以及管理计算机系统的所有资源(包括硬件资源和软件资源等)，是计算机硬件和其他软件的接口。从资源管理的角度看，操作系统主要包括五大功能：处理器管理、存储器管理、文件管理、设备管理和作业管理。

3.2.1　处理器管理

处理器管理也称 CPU 管理，CPU 是计算机系统的核心部件，因此，CPU 管理对整个计算机系统的性能有很大的影响。在现代操作系统中，处理器的分配和运行都是以进程为基本单位的，所以 CPU 管理就是对进程的管理，也可称为进程管理。在多道程序系统里，操作系统会根据一定的策略将处理器交替地分配给系统内等待运行的程序共享，使 CPU 的资源得到充分利用。因此，处理器管理的主要功能有作业与进程调度、进程控制与进程通信等。

1) 作业与进程调度

在多道程序系统中，作业与进程调度的主要工作是将在相应队列上等待的作业(或进程)按照某种算法调入内存，从而等待执行。

2) 进程控制

进程控制主要是为作业的执行创建若干进程，并分配相应的资源，当进程执行结束后撤销进程，并回收资源。

3) 进程通信

进程之间的数据交换和数据共享是通过进程通信完成的。

3.2.2 存储器管理

存储器管理主要是指对内存空间的控制和管理。内存是程序运行必需的存储设备，一个进程处理前和处理后的所有数据、执行的指令都在内存中。操作系统对内存的管理流程是：首先对内存的空间状态进行监控，以便确定内存中的空闲空间是否足够，如果内存中有空闲空间，则根据程序的需求为其分配内存空间，当进程结束时，回收其占用的内存空间及其他资源以另作他用；其次，当内存中没有足够的空闲空间时，则从内存中移除一部分内容，如阻塞的进程、暂时不用的数据或程序等，以便内存空间可以被重新分配，内存管理流程图如图 3-3 所示。在多道程序系统中，除了内存空间的分配和回收之外，存储器管理还包括内存保护、地址映射和内存扩充等，目的是提高内存利用率和访问速度，从而提高计算机的运行效率。

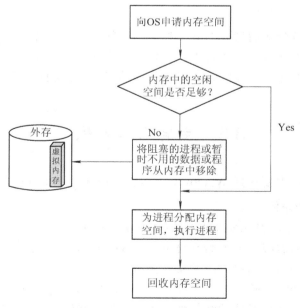

图 3-3　内存管理流程图

3.2.3 文件管理

文件是操作系统管理信息的基本单位。文件管理是指对操作系统中各种文件进行统一管理,以实现按名存取,并提供使用文件的各种操作和命令,即向用户提供一个文件系统,在这个系统中,用户无须知道数据的具体存放位置,通过文件名就可以实现对数据的存取。文件系统管理主要解决信息在计算机中的存储问题。现代操作系统一般以文件为单位,以目录为组织方式构建文件系统,并把文件系统存储在磁盘等二级存储设备上。文件管理包括文件系统管理、文件逻辑结构管理、文件物理结构管理、目录管理、文件检索方法管理、文件操作管理、空闲空间管理和存储设备管理等功能。

3.2.4 设备管理

设备管理是指对硬件设备中除 CPU 和内存以外的其他设备进行的管理。它主要是为了解决计算机中信息的输入和输出问题,从而对计算机系统中各种各样的外部设备进行管理。设备无关性是 I/O 设备管理的核心技术,操作系统将物理设备按照其物理特性抽象成逻辑设备,这样,应用程序就可以只针对这些逻辑设备编程,而和种类繁多的物理设备无关。设备管理具有缓冲管理、设备分配和设备处理以及虚拟设备等功能,以便完成以下两个主要任务:

(1) 完成用户进程提出的 I/O 请求,为用户进程分配所需的 I/O 设备,并完成指定的 I/O 操作。

(2) 提高 CPU 和 I/O 设备的利用率,提高 I/O 速度,方便用户使用 I/O 设备。

3.2.5 作业管理

作业是将一个任务分解后形成的多个独立的小问题,用户要完成的任务将以作业的形式提交给计算机。作业管理主要是指计算机对用户提交的作业进行接收、管理以及合理安排各个用户作业的运行。作业管理包括作业的组织、控制和调度等。

3.3　主流操作系统

当前主流操作系统主要包括 Windows、UNIX、Linux、Mac OS 等。

1. Windows 操作系统

美国微软公司于 1985 开始研发 Microsoft Windows 操作系统,刚开始只是 MS-DOS 的模拟环境,后来,随着版本的不断升级更新,Windows 操作系统以其简单易用、界面友好等特点,成为了当前应用最广泛的操作系统。

MS-DOS 操作系统需要输入指令才能使用,Windows 操作系统更为人性化,它采用了图形用户界面。随着计算机硬件和软件的不断升级,Windows 从架构的 16 位、32 位到现在的 64 位，系统版本经历了 Windows 1.0、Windows 95、Windows 98、Windows 2000、Windows XP、Windows Vista、Windows 7、Windows 8、Windows 8.1、Windows 10 和 Windows Server。总之，Windows 操作系统一直在不断地完善。

Windows 操作系统具有如下五个特点：

(1) 采用图形化界面表示应用程序，人机交互性好，操作方便。

(2) 支持的应用软件多，功能完善，用户体验好。

(3) 对硬件的支持较好。

(4) 支持多任务、多窗口。

(5) 内置网络和通信功能。

2. UNIX 操作系统

UNIX 是一个分时操作系统。最早的 UNIX 操作系统是由贝尔实验室的肯・汤普森(Kenneth Thompson)和丹尼斯・里奇(Dennis Ritchie)于 1969 年开发的，当时的目的是让编写的"Space Travel"游戏程序能在 PDP-7 计算机上顺利运行。UNIX 是世界上唯一能在笔记本电脑、PC、工作站以及巨型机上运行的操作系统。

UNIX 操作系统具有如下四个特点：

(1) 具有良好的通用性。

(2) 支持多用户、多任务。

(3) 实现了可移植性。

(4) 实现了对外部设备的统一管理，引进了"特殊文件"的概念。

UNIX 操作系统目前最主要的应用领域是工程应用和科学计算等。可以说，它引领了整个 20 世纪 70 年代乃至以后操作系统的发展。

3. Linux 操作系统

1991 年，芬兰赫尔辛基大学的学生林纳斯・托瓦兹(Linus Torvalds)基于 UNIX 开发了 Linux(GNU/Linux)，它是一个类 UNIX 的操作系统内核。

Linux 操作系统具有如下三个特点：

(1) 支持免费使用。

(2) 支持多用户、多任务、多线程和多 CPU。

(3) 支持多种平台。

目前，从嵌入式设备到超级计算机、服务器等领域都支持 Linux 操作系统。红旗 Linux 是我国拥有版权的一个国产的操作系统，由北京中科红旗软件技术有限公司开发。

4. macOS

macOS 是基于 UNIX 内核的图形化操作系统，是由 Apple 公司为 Macintosh(麦金塔)系列电脑而开发的，是第一个在商用领域获得成功的图形用户界面操作系统。2020 年 11 月 13 日，macOS Big Sur 正式版发布。

macOS 有很多的特色，其中最主要的是全屏幕窗口模式，即所有的应用程序都能在全屏模式下运行，为全触摸计算提供了基础。

本 章 习 题

一、填空题

1. 计算机系统由_____和_____两部分组成。

2. _____是最基本、最重要的系统软件。

3. 进程具有的特征分别是_____、_____和_____。

4. 进程的三种基本状态分别是_____、_____和_____。

二、简答题

1. 操作系统管理的资源可分为哪两类？

2. 操作系统的基本功能包括哪些？

3. 操作系统的分类有哪些？

第 4 章　计算机网络

 本章概述

计算机网络是计算机技术和通信技术相结合的产物，以因特网为代表的计算机网络打破了地理位置上的束缚，渗透到了人们的生活、工作、学习和娱乐等诸多方面，已经成为人们获取各类信息的重要途径，改变了社会的结构和人们的生活方式。本章主要介绍了计算机网络的概念、发展与分类、计算机网络协议和体系结构、计算机网络系统的组成和 Internet 技术。

 学习目标

➢ **知识目标**

◇ 了解计算机网络的概念、发展、逻辑结构和分类；
◇ 了解计算机网络协议和体系结构；
◇ 掌握 Internet 技术；
◇ 掌握计算机 IP 地址的查看方法、用户账号和密码的设置以及远程登录的设置方法。

➢ **能力目标**

◇ 熟悉局域网的组成，能够完成局域网的基本配置；
◇ 能够熟练使用 Internet 网络应用，完成信息查询、鉴别和使用；
◇ 能够创建和使用 FTP 服务器，完成文件的上传下载、用户的创建及权限管理。

➢ **素质目标**

◇ 培养学生搜集信息、整理信息、利用信息和表达信息的能力；
◇ 锻炼学生的信息实践应用能力和创新精神。

知识导图

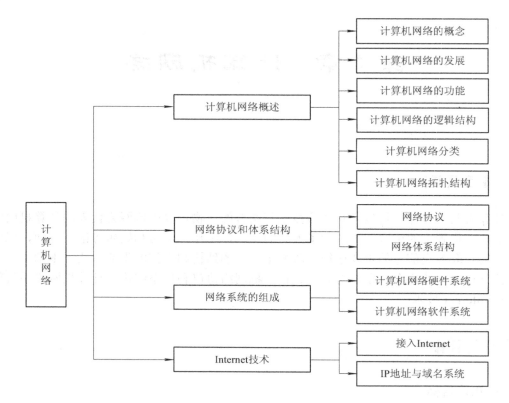

4.1　计算机网络概述

　　21世纪人类已全面进入信息时代,信息时代的重要特征就是数字化、网络化和信息化。要实现信息化就必须依靠完善的网络,因为网络可以非常迅速地传递信息。因此,网络现在已经成为信息时代的命脉和发展知识经济的重要基础,网络对社会生活的诸多方面和社会经济的发展都起着非常重要的作用。

　　20世纪90年代以来,以因特网(Internet)为代表的计算机网络发展迅猛,已从最初的教育科研网络逐步发展成为商业网络,并已成为仅次于全球电话网的世界第二大网络。因特网改变了我们的工作和生活,给很多国家带来了巨大的好处,并加速了全球信息革命的进程。因特网是人类自印刷术发明以来在通信方面最大的变革。现在,人们的生活、工作、学习和社交都已离不开因特网,所以计算机网络技术对于广大的青年学生来说,也应该是必须要了解和掌握的。

4.1.1　计算机网络的概念

　　人们可以借助计算机网络进行网上办公、电子商务、远程教育和远程医疗,可以和世界任何地方的朋友聊天通话，可以查找和搜索各类所需的资料，可以说，计算机网络已成为人们日常生活与工作中必不可少的一部分，已经成为信息存储、传播和共享的重要工具，推动着社会文明的进步。那么究竟什么是计算机网络呢？

计算机网络(Computer Network)是以传输信息为目的，利用通信线路将分布在不同地理位置的计算机及其外部设备连接起来，组成一个大规模、多功能的系统，从而使互联的计算机之间可以更加方便地传递信息，共享软硬件资源和数据信息等。计算机网络由传输介质和通信设备组成(见图 4-1)。

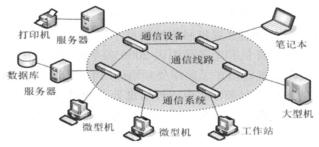

图 4-1 计算机网络

最简单的计算机网络就是利用一条通信线路将两台计算机连接起来，即两个节点和一条链路。从用户角度来讲，整个网络像一个大的计算机系统一样，网络操作系统能自动为用户管理调用并完成用户所要调用的资源。按连接讲，计算机网络就是通过线路互联起来的、具有自行管理功能的计算机集合，确切地说就是将分布在不同地理位置上的具有独立工作能力的计算机、终端及其附属设备用通信设备和通信线路连接起来，并配置网络软件，以实现计算机资源共享。按任务需求讲，计算机网络是用大量独立的、但相互连接起来的计算机来共同完成计算机任务。

综上所述，计算机网络就是由一群具有独立功能的计算机通过通信媒介和通信设备互连起来，在功能完善的网络软件(网络协议和网络操作系统等)的支持下，实现计算机之间数据通信和资源共享的系统。也就是说，计算机网络技术 = 计算机技术 + 通信技术。

4.1.2 计算机网络的发展

计算机网络出现的时间不长，但它的发展速度很快，应用也十分广泛。回溯计算机网络的发展过程，其大致经历了面向终端的计算机网络、分组交换网络、开放式标准化网络、网络互联与高速网络四个阶段。

1. 面向终端的计算机网络

面向终端的计算机网络是以单个计算机为中心的远程联机系统，大量分布在不同地理位置上的终端被连接在一台中央主计算机上，不同的终端可以共享中央主计算机上的内容，但是终端并不具备数据处理的能力，不能为中央主计算机提供服务，最终网络中只实现了数据通信，并未实现资源共享。终端常指一台计算机的外部设备，包括显示器和键盘，不包括中央处理器和内存。严格地讲，这样的系统除了一台中央主计算机外，其余的终端设备都没有数据处理的能力，并不能算是计算机网络，只能将它看成是计算机网络的雏形。但它将计算机技术与通信技术相结合，可以让用户以终端的方式与远程主机进行通信，为了区别后来发展的互联互通的计算机网络，就专称这种系统为面向终端的计算机网络，如图4-2所示。

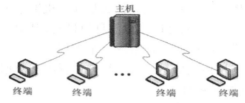

图 4-2　面向终端的计算机网络

20 世纪 60 年代中期之前的计算机网络是以单个计算机为中心的远程联机系统，该系统的典型应用是由一台计算机和全美范围内 2000 多个终端组成的飞机订票系统。随着远程终端的增多，后又在主机前增加了前端处理器(FEP)。当时，人们把计算机网络定义为"以传输信息为目的而连接起来，实现远程信息处理或进一步达到资源共享的系统"，这类简单的"终端—通信线路—计算机"系统被视为计算机网络的雏形。

2. 分组交换网络

随着计算机应用技术的不断发展，20 世纪 60 年代中期至 70 年代出现的第二代计算机网络是由若干个主机通过通信线路互联起来，为用户提供服务的，典型代表是美国国防部高级研究计划署协助开发的 ARPANET(美国国防部高级研究计划署网络，简称阿帕网)，它以分组交换技术为中心，采用存储转发的工作方式，这种分组交换技术对计算机网络的结构和网络的设计产生了深远的影响，为计算机网络的发展奠定了坚实的基础，标志着计算机网络时代的真正到来，开创了"计算机—计算机"通信的时代，并呈现出多处理中心的特点，网络用户可以通过计算机使用异地计算机的软件、硬件与数据资源，以达到计算机资源共享的目的，不仅实现了数据通信还实现了资源共享。这个时期，人们把计算机网络定义为"以能够相互共享资源为目的互联起来的、具有独立功能的计算机的集合体"，从而形成了计算机网络的基本概念。

如图4-3所示，在"面向通信"的网络外围，具有大量资源的主机系统(这些主机系统本身可能带有大量用户终端)直接连接到网络的节点上，形成了以分组交换网为通信枢纽、以用户系统(终端或主机)为资源集散场所的网络格局。这样，网络中的数据通信与数据处理的功能就明显地界定开了。从此，出现了"用户子网"和"通信子网"的概念。

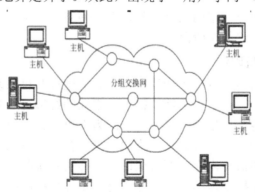

图 4-3　采用分组交换网的计算机网络

3. 开放式标准化网络

随着阿帕网的发展，许多机构包括大学、研究所和公司等，都在设计和推出属于自己的计算机网络，但是不同的网络采用了不同的体系结构。计算机网络是个非常复杂的系统，要想使连接在网络上的两个计算机互相传输文件，仅有一条传送数据的通路是不够的，相互通信的两个计算机系统必须高度"协调"工作。

20 世纪 70 年代末至 90 年代的第三代计算机网络是具有统一的网络体系结构并遵守国际标准的开放式和标准化的网络。ARPANET 兴起后，计算机网络发展迅猛，各大计算机公司相继推出自己的网络体系结构及实现这些结构的软硬件产品。由于没有统一的标准，不同厂商的产品之间互联很困难，人们迫切需要一种开放性的标准化实用网络环境，这样应运而生了两种国际通用的最重要的体系结构，即 TCP/IP 体系结构和国际标准化组织的 OSI 体系结构，要求所有的互联系统必须遵守统一的体系结构和规范。

1984 年国际标准化组织(International Organization for Standardization，ISO)的计算机与信息处理标准化技术委员会 TC 97 成立了一个分委员会 SC16,研究网络体系结构与网络协议国际标准化问题。经过多年卓有成效的工作，ISO 正式制订、颁布了开放系统互联参考模型——OSI/RM(Open System Interconnection Reference Model)，即 OSI 七层参考模型。从此，网络产品有了统一的标准，加速了计算机网络向国际化、标准化的方向发展。只要遵循 OSI 标准，一个系统就可以和位于世界上任何地方、遵循同一标准的其他任何系统进行通信。计算机网络的发展由此步入了正规化。

20 世纪 80 年代，ISO 与 CCITT(International Telephone and Telegraph Consultative Committee，国际电话电报咨询委员会)等组织为参考模型的各个层次制订了一系列的协议标准，组成了一个庞大的 OSI 基本协议集。我国于 1989 年在《国家经济系统设计与应用标准化规范》中明确规定：选定 OSI 标准作为我国网络建设标准。

4. 网络互联与高速网络

目前计算机网络的发展正处于第四阶段，即网络互联和高速计算机网络阶段。这一阶段计算机网络发展的特点是：互联、高速、智能与更为广泛的应用。由于局域网技术发展成熟，出现光纤及高速网络技术，整个网络就像一个对用户透明的大的计算机系统，发展为以 Internet 为代表的互联网。

Internet 是覆盖全球的信息基础设施之一。实际上，Internet 就是一个用路由器实现多个远程网和局域网互联的网际网，它可以提供海量信息的共享。Internet 是覆盖全球的信息基础设施之一，对于用户来说，它像是一个庞大的远程计算机网络，用户可以利用 Internet 实现全球范围的电子邮件收发、电子传输、信息查询、语音与图像通信服务功能。到 1998 年，连入 Internet 的计算机数量已达 4000 万台之多，它对推动世界经济、社会、科学和文化的发展产生了不可估量的作用。

因特网的使用经历了三种服务：由 ISP(Internet Service Provider,互联网服务提供商)提供的早期接入服务；由 ICP(Internet Content Provider，互联网内容服务商)提供的内容服务；由 IAP(Internet Application Provider，互联网接入提供商)提供的未来应用服务。

在互联网发展的同时，高速网络技术与智能网络的发展也引起人们越来越多的关注。高速网络技术发展表现在宽带综合业务数据网 B-ISDN、帧中继、异步传输模式 ATM、高速局域网、交换局域网与虚拟网络上。随着网络规模的增大与网络服务功能的增多，各国正在开展对智能网络的研究。

4.1.3　计算机网络的功能

计算机网络不仅具有丰富的资源还有多种功能，其主要功能是数据通信、资源共享和实现分布式处理、远程传输和集中管理。

1. 数据通信

计算机网络是现代通信技术和计算机技术结合的产物，其基本功能之一就是数据通信。计算机网络其实是一种计算机通信系统，它一方面实现了终端与计算机、计算机与计算机之间的数据信息传递，并根据需要对这些信息进行分散、分级或集中处理与管理，另一方面实现了计算机间的信息传输，为分布在不同地理位置的用户提供了强有力的通信支持，用户可以借助计算机网络发布新闻信息，发送电子邮件，进行电子商务活动、远程教育和医疗等活动。

2. 资源共享

网络上的计算机彼此之间可以实现资源共享，包括软硬件资源和数据。信息时代的到来对资源的共享具有重大的意义，所以资源共享是计算机网络最本质的功能。

计算机网络可以在全网范围内提供对处理资源、存储资源、输入/输出资源等昂贵设备的共享，如具有特殊功能的处理部件、高分辨率的激光打印机、大型绘图仪、矩形计算机以及大容量的外部存储器等，从而使用户减少重复购置，节约资源，提高设备的利用率，也便于集中管理和均衡分担负荷。

3. 实现分布式处理

网络技术的发展，使得分布式计算成为可能。对于大型的项目或者问题，若集中在一台计算机上运行，负荷过重，通过算法就可以拆分为许多小问题，由不同的计算机分别完成，然后再集中起来，解决问题。

利用网络技术还可以将许多小型机或大型机连成具有高性能的分布式计算机系统，使它具有解决复杂问题的能力，从而大大降低管理费用。

4. 远程传输

计算机应用的发展，已经从科学计算发展到数据处理，从单机发展到网络。利用文件传输软件，可以将一个文件或者文件的一部分从一个计算机系统传到另一个计算机系统，实现对计算机文件的上传、下载和共享。利用远程传输功能可以访问远程计算机上的文件，或把文件传输至另一计算机上去运行(作为一个程序)或处理(作为数据)，或把文件传输至打印机去打印。

5. 集中管理

计算机网络技术的发展和应用，已使得现代的办公手段、经营管理等均发生了变化。集中管理根本上是信息的集中，处理权仍在不同的利益团体。目前，已经有了许多管理信息系统和办公自动化系统等，通过这些系统可以实现日常工作的集中管理，提高工作效率，增加经济效益。

由此可见，计算机网络可以大大扩展计算机系统的功能，扩大其应用范围，提高可靠性，为用户提供方便，同时也减少了费用。

4.1.4　计算机网络的逻辑结构

典型的计算机网络从逻辑功能上可以分为资源子网和通信子网两部分。通信子网位于网络的内层，由通信线路和通信设备组成，主要负责数据传输。资源子网位于网络的外层，由外围计算机组成，主要负责数据处理和提供资源共享。

计算机网络要完成数据处理与数据通信两大基本功能。它在结构上分成两个部分：一是负责数据处理的主计算机与终端；二是负责数据通信处理的通信控制处理机与通信线路。通信子网相当于通信服务提供者，资源子网相当于通信服务使用者。计算机网络结构如图 4-4 所示。

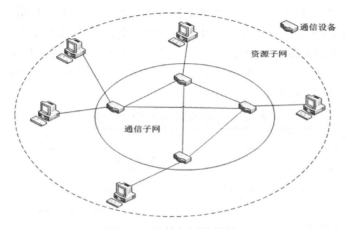

图 4-4　计算机网络结构

资源子网负责全网的数据处理业务，向网络用户提供各种网络资源与网络服务，它由主计算机系统、终端、终端控制器、联网外设、各种软件资源与信息资源组成。主机是资源子网的主要组成单元，它通过高速通信线路与通信子网的通信控制处理机(Communication Control Processor，CCP)相连接。主机为本地用户访问网络其他主机设备与资源提供服务，同时也为网络中远程用户共享本地资源提供服务。通信子网由通信介质和通信设备组成，完成网络数据传输和转发等通信处理任务。

4.1.5　计算机网络分类

计算机网络可以从不同角度进行分类，以下是常见的四种分类方法。

1. 按网络分布范围的大小进行分类

1) 局域网

局域网(Local Area Network，LAN)一般是将有限范围内(如一个房间、一幢大楼或一个校园等，覆盖范围几米到十几千米)的各种计算机、终端与外部设备互联成网。缺点是传输距离有限；优点是传输速率较高，时延和误码率较低，网络协议简单、容易实现。

根据局域网采用的技术、应用范围和协议标准的不同，可以将其分为共享局域网与交换局域网。局域网技术发展非常迅速，应用广泛，是计算机网络中最为活跃的领域之一。

2）城域网

城域网(Metropolis Area Network，MAN)的作用是为了满足几十公里范围内的公司或者企业、机关的多个局域网互联的需求，以实现大量用户之间的数据、语音、图形与视频等多种信息的传输功能。城域网的覆盖范围在广域网和局域网之间，例如作用范围是一个城市，作用距离约为 5～50 km。城域网可被视为数个局域网相联而成。例如一所学校的各个校区分布在城市各处，将这些网络相互连接起来，便形成一个城域网。

3）广域网

广域网(Wide Area Network，WAN)也称为远程网，是规模最大的网络。广域网覆盖的地理范围从几十公里到几千公里，可以是一个国家、地区，或横跨几个洲形成的国际性远程网络。广域网的通信子网主要使用分组交换技术，通信子网可以利用公用分组交换网、卫星通信网和无线分组交换网，它将分布在不同地区的计算机系统互联，达到资源共享的目的。例如大型企业在全球各城市都设立分公司，各分公司的局域网互联，即形成广域网。广域网的连线距离极长，连接速度低于局域网和城域网，使用的设备也相当昂贵。

三种网络类型的比较如表 4-1 所示。

表 4-1　三种网络类型的比较

网络类型	范围	传输速度
局域网	几公里内，同一栋建筑物内	快
城域网	几十公里，同一座城市	中等
广域网	几千公里，可跨越国家、洲	慢

2. 按交换方式分类

按交换方式来分类，计算机网络有电路交换方式、报文交换方式和分组交换方式三种。

1）电路交换方式

类似于传统的电话交换方式，电路交换方式(Circuit Switching)是一种最直接的交换方式，早期的计算机网络就是采用此方式来传输数据的。电路交换中面向连接的用户在开始通信前，必须申请建立一条从发送端到接收端的物理信道，并且在双方通信期间适中占用该通道。

2）报文交换方式

报文交换方式(Message Switching)是指信息以报文(逻辑上完整的信息段)为单位进行存储转发。数据单元是要发送的一个完整报文，对其长度并无限制。报文交换采用"存储—转发"原理，类似于古代的邮政通信，邮件由途中的驿站逐个转发。报文中含有目的地址，每个中间节点要为途经的报文选择适当的路径，使其能最终到达目的端。

3）分组交换方式

分组交换方式(Packet Switching)也称为包交换方式，是报文交换方式的一种改进，1969 年首次被利用在 ARPANET 上。分组交换网的出现被视为计算机网络新时代的开始。

采用分组交换方式通信之前，发送端先将数据划分为一个个等长的单位(即分组)，然后给每个分组加上一个首部，首部里面包含地址信息，在转发的过程中确定下一个转发的位置，在接收端收到分组的数据段以后，会剥去数据段的首部还原成报文。这些分组逐个由各中间节点采用"存储—转发"方式进行传输，最终到达目的端。

3. 按通信方式分类

1) 点对点通信

点对点通信实现了网络中任意两个用户之间的信息交换，网络中的数据以点到点的传输方式在计算机或通信设备中传输，按点对点通信方式通信时，只有 1 个用户可收到信息。星型网、环型网就是采用这种传输方式。

2) 广播式通信

在广播式通信网中只有一个单一的通信信道，由这个网络中所有的主机所共享，即多个计算机连接到一条通信线路上的不同分支点上。相对于点对点通信来说，广播式通信中任意一个节点所发出的报文分组被其他所有节点接收，在发送的分组中包含有一个地址域，指明了该分组的目标接受者和源地址。广播式传输网络中数据在公用介质中传输。无线网和总线型网络就属于这种类型。

4. 按传输介质分类

传输介质是指数据传输系统中发送装置和接收装置间的物理媒体,按其物理形态可以划分为有线和无线两大类。

1) 有线网

采用有线传输介质连接的网络被称为有线网，常用的有线传输介质有双绞线、同轴电缆和光导纤维。

双绞线由两根绝缘金属线互相缠绕而成，作为一条通信线路,由四对双绞线构成双绞线电缆，如图 4-5 所示。双绞线点到点的通信距离一般不能超过 100 米。目前，计算机网络上使用的双绞线按其传输速率分为三类线、五类线、六类线和七类线，传输速率在 10 Mb/s 到 600 Mb/s 之间，双绞线电缆的连接器一般为 RJ-45。

图 4-5　双绞线

同轴电缆由四层物料组成。同轴电缆的最里层是一根铜或铝的导电裸线，其上包裹着一层塑胶作为绝缘体电介质，以防止导体与第三层短路；第三层是紧紧缠绕在绝缘体上的薄金属网(一般使用铜或者合金)，用以屏蔽外界的电磁干扰；最外一层是起保护作用的绝缘的塑料外皮，如图 4-6 所示。

图 4-6　同轴电缆

同轴电缆既可以传输模拟信号，又可以传输数字信号。按照阻抗划分，可分为阻抗 50 Ω(欧姆，电阻单位)同轴电缆和阻抗 75 Ω 同轴电缆。50 Ω 同轴电缆也被称为基带同轴电缆，其屏蔽层通常是用铜做成的网状结构，一般适用于数字信号传输，常用于组建局域网。75 Ω 同轴电缆也被称为宽带同轴电缆，屏蔽层通常是用铝冲压而成的，适用于频分多路复用的模拟信号传输，常用于有线电视信号的传输，可以在一根电缆中同时传输多路电视信号。宽带同轴电缆也可用作某些计算机网络的传输介质。

光导纤维简称光纤，由玻璃或塑料制成的纤维构成，可作为光传导工具，利用光的全反射原理进行信号传输。与前面两种传输介质不同的是，光纤传输的信号是光，而不是电流。它是通过传导光脉冲来进行通信的。可以简单地理解为以光的有无来表示二进制中的 0 和 1。光纤由内向外分为核心、覆层和保护层三个部分，其核心是由极纯净的玻璃或塑胶材料制成的光导纤维芯，覆层也是由极纯净的玻璃或塑胶材料制成的，但它的折射率要比核心部分低。光线在核心部分进行多次全反射，达到传导光波的目的。光纤分为多模光纤和单模光纤两种。光纤是目前传输速率最快的传输介质(现已超过 10Gb/s)。光纤具有很高的带宽，几乎不受电磁干扰的影响，中继距离可达 30 km。光纤在信息的传输过程中，不会产生光波的散射，因而安全性高。另外，它的体积小、重量轻，易于铺设，是一种性能良好的传输介质。但光纤脆性高、易折断，维护困难而且造价昂贵。目前，光纤主要用于铺设无线骨干网络。

2) 无线网

无线网是采用无线介质连接的网络。目前无线网主要采用三种技术：微波通信、红外线通信和激光通信。这三种技术都是以大气为介质，其中微波通信用途最广，目前的卫星网就是一种特殊形式的微波通信，它利用地球同步卫星作中继站来转发微波信号，一个同步卫星可以覆盖地球三分之一以上的通信区域，三个同步卫星就可以覆盖地球上全部的通信区域。

无线通信介质中的红外线、激光、微波或其他无线电波由于不需要任何物理介质，非常适合于特殊场景应用。它们的通信频率都很高，理论上都可以承担很高的数据传输速率。

无线电短波是指波长在 100 m 以下、10 m 以上的电磁波，其频率为 3～30 MHz。电波通过电离层进行折射或反射回到地面，从而达到远距离通信，多次反射的电波可以实现全球通信。短波通信可以传送电报、电话、传真、低速数据和语言广播等多种信息。

无线电波很容易产生，可以传播很远，很容易穿过建筑物的阻挡，因此被广泛应用于通信。无线电波的传输是全方位的，因此发射和接收装置不需要在物理上精确对准。

微波传输的频率在 100 MHz 以上，微波能沿着直线传播，具有很强的方向性，因此，发射天线和接收天线必须精确对准，它构成了远距离电话系统的核心。

由于微波只能沿着直线传播，而地球是一个不规则球体，所以会限制地面微波传输的范围。为使传输距离更远，必须每隔一段距离就在地面设置一个中继站。设置中继站的主要目的是实现信号放大、恢复及转发。通信系统可以利用人造卫星作中继站转发微波信号，在理论上只需要三颗卫星就可以实现全球通信。

3）红外线

无导向的红外线已经被广泛应用于短距离通信，其特点是相对有方向性、便宜且容易制造，缺点是不能穿透坚实的物体。但从另一方面来看，红外线不能穿透坚实的物体也是一个优点，它意味着不会与其他系统发生串扰，因此红外线系统的数据保密性要高于无线电系统。

4.1.6　计算机网络拓扑结构

不管是什么规模的计算机网络，都是利用通信线路将地理位置不同的计算机连接起来，实现数据通信和资源共享的。计算机网络拓扑结构是指计算机网络中的计算机及其他硬件设备的连接方式，用以表示网络的整体结构，同时也反映了各个模块之间的结构关系。它影响整个网络的设计、功能、可靠性和费用等，是研究计算机网络的主要环节之一。

计算机网络是将多台独立的计算机通过通信线路连接起来的，通信线路之间的几何关系表示网络结构，反映出网络中各实体之间的结构关系。拓扑设计是建设计算机网络的第一步，也是实现各种网络协议的基础，它对网络性能、系统可靠性与通信费用都有重大的影响。计算机网络的拓扑结构可分为总线型、环型、星型、树型和网状型。

1．总线型结构

总线型结构是采用一个信道作为公共传输信道(即总线)，所有计算机都通过相应的硬件接口直接连在总线上，而在任何两台计算机之间不再有其他连接，计算机之间按照广播方式进行通信，任何一台计算机发送的信息都会沿着总线进行广播，而且能被总线上的所有计算机接收，但是每次只能允许一台计算机发送信息，通常采用分布式策略确定发送信号的计算机，如图 4-7 所示。总线型网络通常用于小型的局域网。

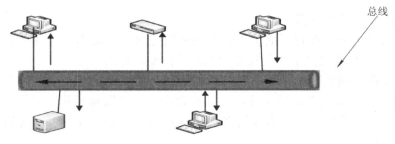

图 4-7　总线型结构

总线型网络的主要优点如下：

(1) 总线结构简单，可靠性高，传输速率高，可达 1～100 Mb/s。

(2) 总线结构一般连接地理上比较靠近的网络节点，电缆长度小，易于布线和维护。

(3) 节点易于扩展或删除，可以很容易地把新的节点加入到已有的网络总线上，或者通过简单的设备把两个网络连接到一起。

(4) 多个节点共用一个传输信道，信道的利用率较高。

总线型网络的主要缺点如下：

(1) 传输距离有限，通信范围受限制。

(2) 故障诊断和故障隔离比较困难。当节点发生故障时，隔离起来还比较方便，但因为所有节点处于相同的地位，这又使故障的查找变得相当的困难，一旦传输介质出现故障，就需要切断整个总线。

(3) 分布式协议不能保证信息的及时传送，不具有实时功能。

2. 星型结构

星型结构是将各个计算机连接到一个中央节点上，中央节点可以是交换机或者集线器，如图 4-8 所示。由于集线器是网络的中央布线中心，各计算机可以通过集线器和其他计算机通信，各计算机之间不能互相通信，数据都必须通过中央节点进行转发，所以星型网络又称为集中式网络。

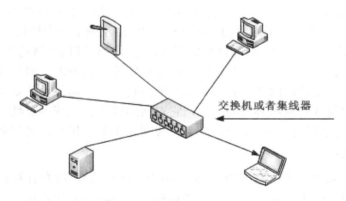

图 4-8　星型结构

在星型网络中，如果一台计算机或该机与集线器的连线出现问题，只影响该计算机的收发数据，网络的其余部分可以正常工作；但如果集线器出现故障，则整个网络将会瘫痪。

星型网络的主要优点如下：

(1) 网络易于扩展。在将新的节点加入到网络中时，不会影响到网络其余部分的正常工作，只需将电缆连接到中心集线器空闲的连接端口即可。

(2) 易于诊断网络故障。由于所有节点都与中心集线器相连，所以某个节点发生故障，一般不会影响到其他节点的工作，只需检查中心集线器响应的端口与该节点即可。

(3) 可以在同一个网络中混合使用多种传输介质。中心集线器可以提供使用不同传输介质的连接端口。

星型网络的主要缺点如下：

(1) 网络依赖中央节点，如果中央集线器发生故障，则整个网络均不能工作。

(2) 大多数星型网络中心集线器的功能比较复杂，负荷高。

(3) 通信线路利用率不高，因为每个节点都使用独立的传输线路与中央节点相连，因此所用电缆的总长度远高于总线型网络。

3. 环型结构

环型结构也称为闭合的总线结构，是将各个计算机与公共的缆线连接，缆线的两端连接起来形成一个封闭的环，数据包在环路上以固定方向流动，如图 4-9 所示。

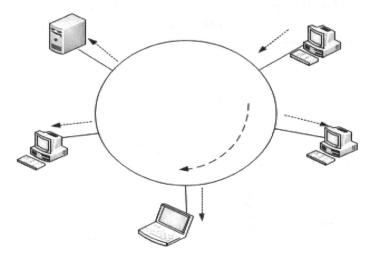

图 4-9　环型结构

环型结构中，由于各个计算机连接成封闭的环路，所以不需要端接器来吸收反射信号，信号沿环路的一个方向进行传播，通过环路上的每一台计算机，每一台计算机都接收信号，并且把信号放大后再传给下一台计算机。假如环路中的某一计算机发生故障，环状网络将不能正常地传送信息，从而会影响整个网络。

在环状网络中，一般是通过令牌传递数据的。令牌依次穿过环路上的每一台计算机，只有获得了令牌的计算机才能发送数据。当一台计算机获得令牌后，就将数据加入到令牌中，并继续往前发送，带有数据的令牌依次穿过环路上的每一台计算机，直到令牌中的目的地址与某个计算机的地址相符合。收到数据的计算机返回一个消息，表明数据已被接收，经过验证后，原来的计算机创建一个新令牌并将其发送到环路上。令牌传送数据的方法也经常用于星型网络，此时，各计算机形成一个逻辑环路。

环状网络的主要优点如下：

(1) 信息流控制比较简单，信息流在环路中沿固定方向流动，两个计算机节点之间仅有唯一的通路，路径选择控制非常简单，所有的计算机都有平等的访问机会，用户多时也有较好的性能。

(2) 电缆长度短，各节点抗故障性能相同，易于实现分布式控制。在环状网络中，因为数据在环路中是沿固定的方向传输的，所以如果单台计算机出现故障，会导致全网络瘫痪，故障诊断难度大，网络延迟大，不便于环路扩充。

4. 树型结构

树型网络是总线型网络和星型网络的结合体。在树型网络中，几个星型拓扑由总线型网络的干线连接起来，各节点按层次进行连接，信息交换主要在上、下节点之间进行，相邻及同层节点之间一般不进行数据交换或数据交换量少。树型网络可以看成是星型网络的一种扩展，树型网络适用于汇集信息的应用要求。

计算机按层次连接，构成树状结构，树根和树枝节点采用集线器或交换机，计算机叶节点发送的信息先传送到根节点，再由根节点传送到接收节点，每条通信线路都必须支持双向传输，如图 4-10 所示。树型结构具有布线结构灵活，实现容易，可扩充性强，网络结构层次分明，管理方便，故障检测和隔离相对容易等优点；缺点是若根节点发生故障，会导致全网瘫痪，数据传输时延较大。

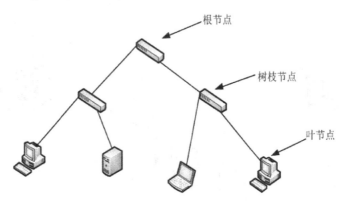

图 4-10　树型结构

5. 网状结构

网状结构是容错能力最强的网络拓扑结构，如图 4-11 所示。在网状网络中，网络上的每个计算机(或某些计算机)与其他计算机至少有 2 条直接线路相连接。网状网络也称为分布式网络或格状网。

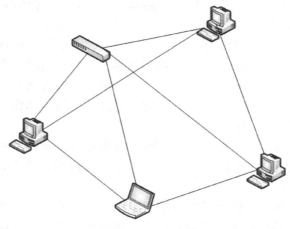

图 4-11　网状结构

　　网状网络中，如果一个计算机或一段线缆发生故障，网络的其他部分仍然可以运行，数据可以通过其他的计算机和线路到达目的计算机。网状网络建网费用高、布线困难。通常，网状网络只用于大型网络系统和公共通信骨干网。目前实际存在与使用的广域网结构，基本上都是采用网状网络，每个节点设备至少与其他两台相连，任意两个节点之间存在两条以上的通信路径。

　　网状结构具有可靠性高、容易检测和隔离故障、便于集中控制的优点；缺点是实现起来较复杂，成本高、不易管理和维护。

4.2　网络协议和体系结构

　　计算机网络是由不同地理位置的计算机和终端通过通信设备和通信线路连接起来的复杂系统。在计算机网络中，两个处在不同的地理位置上的实体相互通信，需要通过交换信息来协调它们的动作以达到同步，而信息交换必须按照预先共同约定好的过程进行。网络设计者制定了一系列的协议，这些协议使计算机之间通信具有相同的信息交换规则。例如 TCP/IP(Transmission Control Protocol/Internet Protocol 传输控制协议/互联网协议，又名网络通信协议)，是 Internet 最基本的网络协议。

　　不同计算机网络采用的网络协议是不同的，而这些协议的集合以及网络的分层结构就是体系结构，所以不同计算机网络的网络体系结构也不同。

4.2.1　网络协议

　　所谓协议，是指通信双方关于如何进行通信的一种约定。比如，海洋航行中使用的旗语，不同颜色的旗子代表了不同的含义，只有双方都遵守相同的规则，才能理解对方旗语的含义，并给出正确的应答。网络协议就是计算机网络中为进行数据交换而建立的规则、标准或约定的集合。同样，网络协议明确规定了信息的格式以及发送和接收的规则，包括语法、语义和时序三要素。

　　语法：用户数据与控制信息的结构或格式，以及数据出现的顺序(如何做)。

　　语义：用来说明通信双方应当怎么做(做什么)。

　　时序：也称为同步，是对事件实现顺序的详细说明，说明事件如何实现(做的步骤)。

　　比如说双方在通信的时候，发送方发送数据，如果接收方能够正确地接收数据，则回答接收正确；但如果接收方接收的是错误的数据，则要求重新发送一次。

　　协议只确定各种规定的外部特点，不对内部的具体实现做具体的要求。计算机的软硬件厂商在生产网络产品的时候，必须按照协议规定的规则进行生产，但是具体选择什么电子元器件和使用什么语言，不做要求。

　　Internet 必须遵守的三个协议分别是 IP 协议、TCP 协议和应用程序协议。IP 协议也称为网际协议，用于将信息传递给指定的接收机；TCP 协议是传输控制协议，管理被传送信息的完整性；应用程序协议负责将网络传输信息转换成用户能识别的方式。协议集是指必须放到一起才能起某种作用的一组协议，TCP/IP 协议就是包括了 100 多个不同功能协议的协议集，其中最主要的是 TCP 协议和 IP 协议。

4.2.2　网络体系结构

计算机网络是一个非常复杂的通信系统，这就决定了网络协议也是非常复杂的。为了减少设计上的错误，提高协议实现的有效性和高效性，近代计算机网络采用分层次的思想，将复杂的通信过程分解成不同的层次，每个层次的任务相对单一，易于实现。也就是说，通过分而治之的方法解决复杂的大问题。

计算机网络体系结构是计算机网络及其部件所应该完成功能的精确定义。这些功能究竟由何种硬件或软件完成，是遵循这种体系结构的。体系结构是抽象的，其实现是具体的，是运行在计算机软件和硬件之上的。

世界上第一个网络体系结构是美国 IBM 公司于 1974 年提出的，取名为系统网络体系结构 SNA(System Network Architecture)。凡是遵循 SNA 的设备就称为 SNA 设备。这些 SNA 设备可以很方便地进行互连。此后，很多公司也纷纷建立自己的网络体系结构，这些体系结构大同小异，都采用了层次技术，但各有其特点，以适应由本公司生产的计算机组成网络。

不同计算机的对等层会按照协议实现对等层之间的通信，这样网络协议就被按层次分解成若干相互有联系的协议集合，称为协议簇(或称为协议栈)。总的来说，计算机网络的各个层次以及在各层上使用的全部协议统称为计算机网络的体系结构。

不同的计算机网络采用的网络协议不同，所以它们的网络体系结构也不同。当前占主导地位的计算机网络体系结构有 OSI 体系结构和 TCP/IP 体系结构。

1. OSI 体系结构

OSI 七层参考模型全称为开放式系统互连参考模型，是由国际标准化组织(ISO)于 1984 年推出的，是一个不同的计算机互连的国际标准。所谓开放，就是指任何不同的计算机系统，只要遵循 OSI 标准，就可以和统一遵循这一标准的任何计算机系统进行通信。OSI 中的系统是指计算机、外部设备、终端、传输设备、操作人员以及相应设备的集合。OSI 七层参考模型，从下到上依次是物理层、数据链路层、网络层、传输层、会话层、表示层和应用层。

1) 物理层

物理层(Physical Layer)是 OSI 参考模型的最底层，它利用传输介质为数据链路层提供物理连接。物理层主要考虑的是如何通过物理链路从一个节点向另一个节点传送比特流。物理链路可以是铜线、卫星、微波或其他的通信媒介。物理层关心的问题有：多少伏电压代表"1"，多少伏电压代表"0"？时钟速率是多少？采用全双工还是半双工传输？总的来说，物理层确定了链路的机械、电气、功能和规程特性。

2) 数据链路层

数据链路层(Data Link Layer)是为网络层提供服务的，解决两个相邻结点之间的通信问题，传送的协议数据单元称为数据帧。数据帧中包含物理地址(又称 MAC 地址)、控制码、数据及校验码等信息。数据链路层的主要作用是通过校验、确认和反馈重发等手段，将不可靠的物理链路转换成对网络层来说无差错的数据链路。

此外，数据链路层还要协调收发双方的数据传输速率即进行流量控制，以防止接收方因来不及处理发送方传来的高速数据而导致缓冲器溢出及网络阻塞。

3) 网络层

网络层(Network Layer)是为传输层提供服务的，传送的协议数据单元称为数据包或分组。网络层的主要作用是解决使数据包通过各结点传送的问题，即通过路径选择算法将数据包送到目的地。另外，为避免通信子网中出现过多的数据包而造成网络阻塞，需要对流入的数据包数量进行控制。当数据包要跨越多个通信子网才能到达目的地时，还要解决网际互连的问题。

4) 传输层

传输层(Transport Layer)的作用是为上层协议提供端到端的可靠和透明的数据传输服务，包括处理差错控制和流量控制等问题。传输层向高层屏蔽了下层数据通信的细节，使高层用户看到的只是在两个传输实体间的一条主机到主机的、可由用户控制和设定的、可靠的数据通路。传输层传送的协议数据单元称为段或报文。

5) 会话层

会话层(Session Layer)的主要功能是管理和协调不同主机上各种进程之间的通信，即负责建立、管理和终止应用程序之间的会话。会话层得名的原因是它类似于两个实体间的会话概念。例如，一个交互的用户会话以登录到计算机开始，以注销结束。

6) 表示层

表示层(Presentation Layer)处理流经结点的数据编码的表示方式问题，以保证一个系统应用层发出的信息可被另一系统的应用层读出。如果必要，该层可提供一种标准表示形式，用于将计算机内部的多种数据表示格式转换成网络通信中采用的标准表示形式。数据压缩和加密也是表示层可提供的转换功能之一。

7) 应用层

应用层(Application Layer)是 OSI 参考模型的最高层，是用户与网络的接口。应用层通过应用程序来完成网络用户的应用需求，如文件传输、收发电子邮件等。每一层都建立在前一层基础上，低层为高层服务，高层实体在实现自身定义的功能时，充分利用下一层提供的服务。各层内部结构对上下层模块是不可见的，其中每一层执行某一特定任务，该模型的目的是使各种硬件在相同的层次上相互通信。

2. TCP/IP 体系结构

Interent 中使用的 TCP/IP 体系结构，是一个四层的体系结构，其中 TCP 和 IP 是 TCP/IP 体系结构中两个最重要的协议。TCP 用于保证被传送信息的完整性，IP 负责将消息从一个地方传送到另一个地方。

计算机网络体系结构由网络协议和计算机网络层次组成。计算机网络是一个复杂的系统，网络体系结构采用层次结构，不同系统中的同一层靠同等层协议通信。目前在因特网中使用的 TCP/IP 网络体系结构就是层次结构，分为四个层次：网络接口层(Network Interface Layer)、网络层(Network Layer)、传输层(Transport Layer)和应用层(Application Layer)。

1）网络接口层

网络接口层用于控制对本地局域网或广域网的访问，如以太网、令牌环网、分组交换网和数字数据网等。

2）网络层

网络层负责解决一台计算机与另一台计算机之间的通信问题，该层的协议主要为 IP 协议，也称为互联网协议，用 IP 地址标识互联网中的网络和主机，IP 协议存放在主机和网间互连设备中。

3）传输层

传输层负责端到端的通信，TCP 协议是该层的主要协议，它只存在于主机中，提供面向连接的服务，在通信时须先建立一条 TCP 连接，用于提供可靠的端到端数据传输。用户数据包协议也是常用的传输层协议，提供无连接的服务。

4）应用层

应用层包括若干网络应用协议，主要有 FTP、SMTP、HTTP 和 SNMP 等，用户在 Internet 上浏览 WWW 信息、发送电子邮件和传输数据时就用到了这些协议，应用层的协议只在主机上实现。

TCP/IP 协议与 OSI 参考模型的一个重要区别是可靠性问题，OSI 参考模型在所有各层都进行差错校验和处理；而 TCP/IP 仅在 TCP 层，即仅在端到端进行差错控制，在安全性方面存在不足。TCP/IP 协议与 OSI 参考模型的关系如图 4-12 所示。

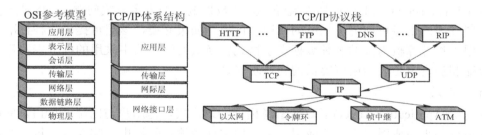

图 4-12　OSI 参考模型、TCP/IP 体系结构对照表

4.3　网络系统的组成

计算机网络是利用通信线路将地理上分散的、具有独立功能的计算机系统和通信设备按不同的形式连接起来，以功能完善的网络软件及协议实现资源共享和信息传递的系统，所以计算机网络这个复杂的通信系统也包含硬件系统和软件系统两部分。

4.3.1　计算机网络硬件系统

计算机网络的硬件系统有计算机、网络连接设备、通信设备和传输介质。

1. 计算机

网络中的计算机是网络的主体设备，也称主机，一般包含服务器和客户机。服务器也称中心站，为网络提供共享资源，是局域网的核心。客户机也称工作站，是网络中连接了服务的计算机，是用户入网操作的节点，可以使用服务器上提供的资源。

2. 网络连接设备

网络适配器也就是网卡，也被称为网络接口卡，是计算机与局域网相互连接的接口，通过总线与计算机设备接口相连，另一方面又通过电缆接口与网络传输媒介相连。有板载网卡也有独立网卡，在 PC 机中主要使用 PCI 总线结构的网卡和 USB 的网卡。网卡的作用有两个：一是把发送的数据封装起来，然后通过传输介质传输到网络上；二是接收网络上传输过来的数据拆封后交付给网际层。每个网卡都是独一无二的，因为每个网卡都有一个独立的 ID 号，叫做物理地址，在以太网中也称之为 MAC 地址，网卡的生产厂家会把 MAC 地址烧录于网卡的 ROM 芯片中。物理地址用于标识同一个局域网中或同一个广域网中的主机，实现在同一个网络中不同计算机之间的数据通信。简而言之，物理地址是用来标识网络中计算机身份的。安装网卡后，还要进行协议的配置。比如要连接 Internet，必须配置 TCP/IP 协议。

调制解调器(Modem)也就是我们通常说的"猫"，主要进行信号的调制和解调。调制就是把数字信号转换成模拟信号，解调就是把模拟信号转换为数字信号。如果想要用电话线入网就要用 Modem，因为计算中传输的是数字信号，而电话线中传输的是声音模拟信号，就需要用调制解调器将计算机中的数字信号和电话线中模拟信号互相转换。

常见的网络通信设备还包括工作在 OSI 参考模型物理层的中继器和集线器。中继器也被称为转发器或者放大器，它的功能是进行信号的复制、调整和放大，以此来延长网络的传输距离。集线器是对接收到的信号进行再生整形放大，以扩大网络的传输距离。实质上集线器也算是一个中继器，但是它有多个端口，每个端口都能发送和接收信号。集线器是以广播的方式对信号进行转发的，当集线器的某个端口接收到信号的时候，会对信号进行整形放大，并向其他所有端口进行转发。但如果有两个端口同时有信号输入，多个信号就会互相干扰，那么所有端口就都会接收不到正确的信号。

数据链路层的通信设备主要有网桥和交换机。网桥称为桥接器，是连接两个局域网的存储转发设备。交换机和网桥的工作原理类似，都是根据数据帧中的 MAC 地址来做出相应的转发，不同的是，交换机相当于是一个多端口的网桥。一般网桥有 2~4 个端口，而交换机通常有十几个端口，交换机由于使用了专用的交换机芯片，因此它的转发性能远远超过了网桥，具有转发速率高、延迟小的优点，是目前常用的局域网内的通信设备。

3. 通信设备

物理层和数据链路层的通信设备都是局域网内的通信设备，连接的都是计算机等网络终端设备。计算机网络的硬件设备还包括连接不同局域网的通信设备，如网络层的路由器。

路由器是网络与网络之间互连的设备，可以将局域网与局域网或者将局域网与广域网互连起来，所以路由器有判断网络 IP 地址和选择路径的功能，路由器是一种非常重要的网络通信设备，它构成了互联网的骨架，它的处理速度是网络通信的主要瓶颈之一，它的可靠性则直接影响网络互连的质量。

集线器、交换机和路由器的工作层次不同，集线器工作在物理层，交换机工作在数据链路层，路由器工作在网络层；另外它们的转发对象不同，集线器把收到的信号向所有的端口转发，交换机则利用 MAC 地址来确定数据转发的对象，而路由器利用 IP 地址中的网络号来确定数据转发的对象；最后它们的互连对象也不同，集线器和交换机连接同一个网络中的设备，而路由器连接的是不同的网络。目前市场上的很多集线器都加入了交换机的功能，具备了一定的数据交换能力，大部分交换机也混杂了路由器的功能。

应用层的通信设备有网关，Internet 上使用的是 TCP/IP 协议，但并不是所有的网络都会使用同一个协议，许多网络都会有自己的专门协议。如果采用不同的协议的系统之间进行通信，就必须要进行协议的转换，而网关就是用来解决这个问题的，所以网关又叫作协议转换器。它工作在传输层以上的各层，可以做任何事情，从转化协议到转换应用程序数据。

4. 传输介质

网络传输介质分为有线传输介质和无线传输介质。有线传输介质包括双绞线(屏蔽双绞线 STP (Shielded Twisted Pair)、非屏蔽双绞线 UTP (Unshielded Twisted Pair))、同轴电缆(50 Ω 同轴电缆和 75 Ω 同轴电缆)、光纤。无线传输介质有无线电波、红外线等。

4.3.2　计算机网络软件系统

计算机网络软件系统主要由网络操作系统、网络通信协议和提供网络服务功能的专用软件构成。

1. 网络操作系统

网络操作系统指的是具有网络功能的操作系统，除了具有操作系统的功能外还要具有网络支持的功能，要能够管理整个网络资源。网络操作系统主要分为两类，一类是客户机/服务器模式，也就是 C/S (Client/Server)模式，客户机发出请求，服务器响应请求，网络中有几台计算机专门充当服务器为整个网络提供共享资源和服务。网络上的计算机大多采用客户机/服务器模式，服务通过两个进程分工合作完成(一个主动请求，一个被动响应；一个启动通信，一个等待通信)。"客户机"和"服务器"指的是运行程序，它们一般运行在不同的主机中，但也可以位于同一台主机中。另外一类是端到端的对等式网络操作系统，网络中的所有计算机都具有同等地位，没有主次之分。任何一个节点机所拥有的资源都作为网络资源，可被其他节点机上的用户共享。

常见的网络操作系统有 UNIX、Netware、Windows NT、Linux 等。UNIX 是一种强大的分时操作系统，以前在大型机和小型机上使用，已经向 PC 过渡。UNIX 支持 TCP/IP 协议，优点是安全性、可靠性强，缺点是操作使用复杂。常见的 UNIX 操作系统有 SUN 公司的 Solaris、IBM 公司的 AIX、HP 公司的 HP UNIX 等。Netware 是 Novell 公司开发的早期局域网操作系统，使用 IPX/SPX 协议，至 2011 年最新版本 Netware 5.0 也支持 TCP/IP 协议，安全性和可靠性较强，其优点是具有 NDS 目录服务，缺点是操作使用较复杂。WindowsNT Server 是微软公司为解决 PC 做服务器而设计的，优点是操作简单方便，缺点是安全性、可靠性较差，适用于中小型网络。Linux 是一个免费的网络操作系统，源代码完全开放，是 UNIX 的一个分支，内核基本和 UNIX 一样，具有 WindowsNT 的界面，优点是操作简单，缺点是应用程序较少。

2. 网络通信协议

网络通信协议是网络中计算机交换信息时的约定，它规定了计算机在网络中互通信息的规则。互联网采用的网络通信协议是 TCP/IP 协议，这是互联网中最基本的协议，也是业界的工业标准，它实际上是一个协议栈或者协议簇，如果要在不同的局域网中通信，就必须使用它，该协议也是至 2011 年应用最广泛的协议，其他常见的协议还有 Novell 公司的 IPX/SPX 等。

计算机网络大都是按层次结构模型去组织计算机网络协议的。IBM 公司的系统网络体系结构 SNA 是由物理层、数据链路控制层、通信控制层、传输控制层、数据流控制层、表示服务层和最终用户层等 7 层所组成。OSI 参考模型是影响最大、功能最全、发展前景最好的网络体系模型，就其整体功能来说，可以把 OSI 网络体系模型划分为通信支撑平台和网络服务支撑平台两部分。通信支撑平台由 OSI 底 4 层(即物理层、数据链路层、网络层和运输层)组成，其主要功能是向高层提供与通信子网特性无关的、可靠的、端到端的数据通信功能，用于实现开放系统之间的互联与互通。网络服务支撑平台由 OSI 高 3 层(即会话层、表示层和应用层)组成，其主要功能是向应用进程提供访问 OSI 环境的服务，用于实现开放系统之间的互操作。应用层又进一步分成公共应用服务元素和特定应用服务元素两个子层，前者提供与应用性质无关的通用服务，包括联系控制服务元素、托付与恢复、可靠传送服务元素和远地操作服务元素等；后者提供满足特定应用要求的各种能力，包括报文处理、文件传送、存取与操作、虚拟终端、作业传送与操作、远程数据库访问等，用以向网络用户和应用系统提供良好的运行环境和开发环境。网络通信协议的主要功能包括统一界面管理、分布式数据管理、分布式系统访问管理、应用集成以及一组特定的应用支持，如电子数据交换、办公文件体系等。

4.4 Internet 技术

Internet 的中文标准译名为因特网，它是全球性的、极具影响的计算机网络，也是全世界范围的信息资源宝藏。Internet 的出现宣告了人类信息时代的到来，Internet 已经成为覆盖全球的重要信息设施之一，是信息资源的一种发布和存储形式，它对信息资源的交流和共享起到了不可估量的作用，甚至改变了人类的工作和生活方式。

4.4.1 接入 Internet

入网是上网的前提，只有了解了 Internet 的常用接入方法和特点，才能选择合适的上网方式。

1. 什么是 Internet

Internet 又称网际网络，音译为因特网、英特网，是网络与网络之间互联而串连成的庞大网络，这些网络以一组通用的协定相连，形成逻辑上的单一巨大国际网络。这种将两个或两个以上的计算机网络通过一定的方法与一种或多种网络通信设备互联在一起的方法称为网络互联，在这基础上发展出的覆盖全世界的全球性互联网络称为"互联网"，即"互相联接在一起的网络"，是全球最大的基于 TCP/IP 协议的互联网络，由全世界范围内的局域网和广域网互联而成。从 1969 年的 ARPANET 的出现到 1983 年 OSI 参考模型的建立以来，Internet 的发展如火如荼，日新月异，其发展之快主要因为它是一个开放的互联网络，任何计算机和网络都可以接入，是全球性的互联计算机网的大集合，由国际化联网协会统一协调管理。

2. Internet 接入技术

Internet 接入技术是指计算机通过网络或特定的信息采集与共享的传输通道与互联网连接在一起，实现它们之间互相交换信息的技术。

接入 Internet 必须要满足以下三个条件：

(1) 计算机通过传输介质和通信设备与 Internet 连接起来。

(2) 计算机上安装并设置 TCP/IP 等协议。

(3) 获取 Internet 上能够通信的 IP。

3. Internet 接入方式

通信中，用户通过 ISP(Internet Service Provider，互联网服务提供商)接入 Internet，用户主机连接到 ISP 的方式就是 Internet 接入技术，ISP 的作用首先是为用户接入 Internet，提供服务，其次是为用户提供各种类型的信息服务，比如电子邮件服务。ISP 的类型有公用交换电话网(PSTN)、有线电视网络(CATV)、移动通信网络(GSM)和综合业务数字网(ISDN)，目前企业级用户多以局域网的方式接入互联网，个人用户一般采用电话线或者电视电缆接入 ISP，然后再由 ISP 的路由器接入 Internet。具体的接入方法有以下四种。

1) 借助公用交换电话网接入

借助公用交换电话网接入具体有调制解调器拨号(电话拨号)接入和 ADSL(非对称数字用户环路)接入两种方式。

电话拨号接入是早期使用的一种方法，采用的是窄带接入方式，是指将已有的电话线路，通过安装在计算机上的 Modem 拨号连接到互联网服务提供商从而享受互联网服务的一种上网接入方式。电话拨号接入的优点是使用方便，安装和配置简单，只需要电话线、普通的 Modem 和 PC 就可以实现，一次性投入成本较低；缺点是上网传输速率较低，质量较差，费用较高，传输数据时占用的是语音频段，电话线路被占用，不能拨打或接听电话。

现在常用的是 ADSL 接入，这是一种通过普通电话线提供宽带数据业务的技术，其具有非对称特性，非对称是指用户的上行和下行的速率不同，上行速率低，最快 1 Mb/s，下行速率高，最快 8 Mb/s。这也符合用户日常的需求，平时上网时通常下载多、上传少，所以是非对称的。ADSL 也需要拨号接入，首先获取一个动态的 IP 地址，它是 PPPoE 协议,计算机可以通过一个集线器或者交换机连到一个远端的接入交换机或者路由器上，同时能够实现对每一个接入用户的控制和计费。ADSL 接入需要的硬件有插有网卡的计算机、网线(双绞线)、ADSL Modem 和信号分离器。信号分离器用来分离信号，如果是电话信号就转到电话上，如果不是就转到 ADSL Modem 上，然后将模拟信号转为数字信号，如图 4-13 所示。此外，还需要进行系统设置，在控制面板中在网络与共享中心设置新的网络连接，选择宽带进行密码设置等即可，如图 4-14 所示。

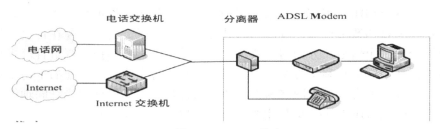

图 4-13　ADSL 接入

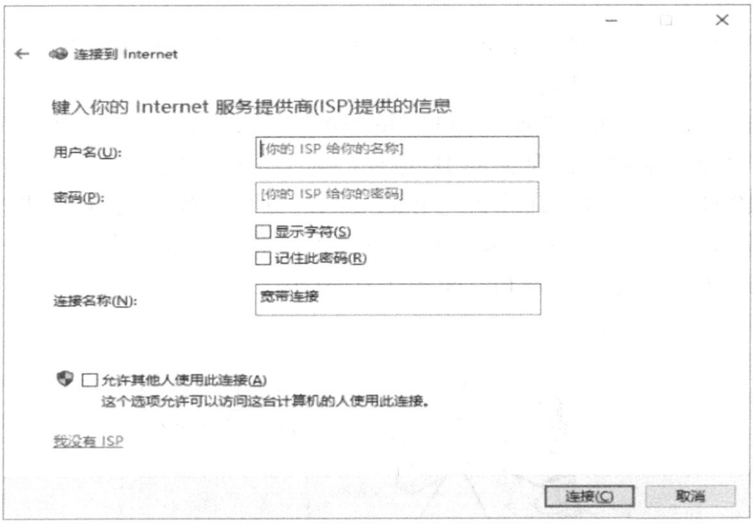

图 4-14　ADSL 接入的系统设置

　　ADSL 接入的优点是下载速率高(下行速率可达 1 Mb/s～8 Mb/s，上行速率仅为 40 Kb/s～
1 Mb/s)和独享带宽(上网和打电话都能兼顾)。

　　2) 有线电视接入

　　利用有线电视网接入到 Internet，就是通过线缆调制解调器连接有线电视，进而连接
到 Internet，如图 4-15 所示。

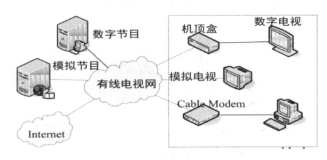

图 4-15　有线电视接入

　　有线电视接入可以分为对称型和非对称型两种(对称型带宽 512 Kb/s～2 Mb/s，非对
称型上传带宽 512 Kb/s～10 Mb/s，下载带宽 2 Mb/s～40 M/s)，优点是带宽上限高，接入

使用的是带宽为 800 MHZ 的同轴电缆，因而理论上它的带宽比 ADSL 接入要高得多，上网、模拟电视节目和数字点播三者可同时进行、互不干扰。同轴电缆在传输信号的过程中整个电路分成三个信道，分别用于数字上行、数字下行和模拟电视节目。当然这样也是有缺点的，如小区用户共享带宽，一旦用户增多，每个用户所分配的平均带宽就会降低，另外，大部分的有线电视网络都不具备双向传输能力，如使用光纤同轴混合网络的有线电视网(也就是 HFC 网)，即采用光纤到服务区，而在进入用户的"最后 1 英里"采用同轴电缆。

　3) 局域网接入

　　局域网接入是指先将多台计算机组成一个局域网，然后将局域网接入到 Internet，具体分为共享接入和混合接入两种方式。

　　共享接入是指通过局域网的服务器与 Internet 连接，服务器上安装两个网卡，一个连接 Internet，这个网卡对应的是公网 IP 地址，另一个连接局域网，对应的是局域网内部使用的保留 IP 地址，网内的计算机与 Internet 进行通信时，需要通过代理服务器把保留 IP 地址转换成公网 IP 地址，因此需要在服务器上运行专用的代理或网络地址转换(Network Address Translation，NAT)，如图 4-16 所示。

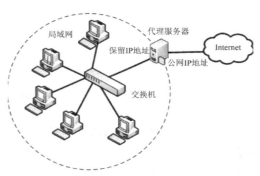

图 4-16　共享接入

　　路由接入是指通过路由器使局域网接入 Internet。路由器的一端接在局域网上，另一端则与 Internet 上的连接设备相连，将整个局域网加入到 Internet 中。这种方式需要路由器为每一台局域网上的计算机分配一个 IP 地址，如图 4-17 所示。

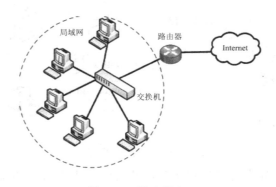

图 4-17　路由接入

4) 无线接入

目前主流的无线接入技术主要有 GPRS 接入、CDMA 接入和无线局域网接入。

GPRS 接入是指通过 GSM 手机网络来实现的无线上网方式。笔记本电脑可以使用 GPRS 无线上网卡(即 PCMCIA 或 USB 接口的 GPRS Modem),开通 GPRS 业务后的手机也可作 GPRS 无线 Modem 使用,传输速度为 40 Kb/s。

CDMA 接入是指利用 CDMA 手机网络实现的无线上网方式。和 GPRS 接入相似,传输速率对无线环境的依赖程度不大,一般可以实现 153 Kb/s 的传输速度。在速度和稳定性方面,CDMA 接入优于 GPRS 接入。

无线局域网接入是有线局域网的延伸,是无线缆限制网络连接,但只能在部署了无线接入点(Access Point,AP)的特定场所,如机场、酒店和图书馆等人流量较大的公共场所内实现,需要无线网卡,AP 是由电信公司或者单位统一部署的,每台计算机通过无线连接到无线接入点,无线接入点经由路由器与 Internet 相连。配备了无线网卡的计算机就可以在无线局域网覆盖的范围内加入它,通过无线的方式接入 Internet,无线接入点能同时接入的计算机数量有限,一般为 30～100 台,这些就是我们平常所说的 WIFI。

我国现在有三大基础运营商,即中国电信、中国移动和中国联通,他们所提供的基础网络接入服务很相似,对于有线接入都可以达到百兆带宽的水平,用户可以根据价格、带宽和小区的实际情况进行选择。如果已经开通了网络服务,需要联网的设备很多(如平板、电脑、手机等)但是有线接入点又有限,最常用的方法就是使用无线路由器实现无线局域网,首先通过网线连接计算机和路由器的 LAN 口、路由器和入网用户的 WAN 口,接下来进行路由器的配置,在浏览器中输入 192.168.1.1,不同厂家的路由器的 IP 地址不同(例如 TP-LINK 路由器的 IP 地址是 192.168.1.1,华为路由器的 IP 地址是 192.168.3.1),然后输入用户名和密码,初始值都是 admin,现在有些路由器取消了默认的用户名和密码,这就需要用户在第一次设置时手动设置,然后进入路由器的配置菜单,在设置向导中选择上网方式,如果选择 PPPoE,则需要输入服务商提供的账号和密码,下一步进入无线设置,这样就完成了路由器配置,重启设备即可正常使用。

4.4.2　IP 地址与域名系统

1. IP 地址

计算机网络中的地址有:使用地址、IP 地址和物理地址。使用地址是为了便于记忆的地址,例如有域名地址和电子邮件地址等。IP 地址为逻辑地址,用于网络中计算机的互联。物理地址为网络适配器地址,也称为网卡地址。地址之间需进行协议转换,最后要转换为物理地址才能找到通信的计算机。

IP 地址类似于人们通过邮政系统通信时写在信封上的地址,必须标注清楚收信人的地址、姓名、邮政编码和寄信人的地址等信息,信件才能准确寄达收信人手中。在 Internet 中的通信也与人们日常生活中通信情况类似,需要标识发信和收信的地址,这就是人们常说的 IP 地址。人们寄信时用汉字书写地址,计算机只能“认识”二进制语言,只能辨识用 0 和 1 这两个数字组合成的数字序列,计算机网络中的 IP 地址是由二进制数组成的。

目前，计算机的主机地址用 32 位二进制数来标识。例如某台主机的 IP 地址为

11001010　01110011　01010000　00000001

将 32 位二进制数按 8 位分为一组，用小数点"."隔开，以十进制数形式表示出来，称之为点分十进制。这样上述 IP 地址就可写成如表 4-2 所示的形式。

表 4-2　IP 地址的表示

二进制	11001010	01110011	01010000	00000001
十进制	202.	115.	80.	1

缩写 IP 地址为 202.115.80.1。

2. IP 地址分类

每个 IP 地址由网络标识(NetID)和主机标识(HostID)两部分组成，分别表示一台计算机所在的网络和在该网络内的这台计算机。IP 地址按第一个字节的前几位是 0 或 1 的组合，标识为 A、B、C、D、E 五类地址，其中 A 类、B 类和 C 类是基本类型，最为常用；D 类为多路广播地址；E 类为保留地址，用于实验性地址。

A 类地址共有 128 个，A 类地址第一个字节的第一位为 0，网络内的主机数目可以达到 678 万台，均分配给大型网络使用。

B 类地址共有 16 384 个，B 类地址前两位的组合为 10，适用于中等规模的网络，每个网络内的主机数目最多可以达到 65 534 台。

C 类地址约有 419 万个，C 类地址前三位的组合为 110，分配给小型网络，每个网络内的主机数目最多为 254 台。

D 类地址前四位组合为 1110。

E 类地址前五位组合为 11110。

D 类和 E 类地址有特殊的用途。

IP 地址可以描述主机，也可以描述网络，规定 HostID 部分全为 0 的 IP 地址代表网络。HostID 部分全为 1 的 IP 地址代表网络上所有的主机，这种地址主要用于广播，即网络上的所有计算机都是信息的接收者。

3. 子网与子网掩码

一个网络上的所有主机都必须有相同的网络 ID，这是识别网络主机属于哪个网络的根本方法。但是当网络增大时，这种 IP 地址特性会引发问题。例如一个公司在因特网上有一个 C 类局域网，但经过一段时间后，其网络主机台数超过了 254 台，因此需要另一个 C 类网络地址，最后的结果是创建了多个 LAN，每个 LAN 有其自己的路由器和 C 类网络 ID。而对于那些规模较小、拥有一个 C 类网络的公司，由于业务部门的划分和网络安全的考虑，希望能够建立多个网络，但向 NIC 申请 C 路网络既不方便，又造成了资源的浪费。出现这种局面的原因就在于 IPv4(Internet 协议的第四版)的地址分级过于死板，将网络规模强制限定在 A 类、B 类和 C 类这三个级别上，实际应用中，公司或者机构的网络规模往往是灵活多变的。解决这个问题的办法是将规模较大的网络内部划分成多个部分，对外像一个单独网络一样动作，这在因特网上称作子网(Subnet)。

　　对于网络外部来说，子网是不可见的，因此分配一个新子网不必与 NIC 联系或改变程序外部数据库。比如第一个子网可能是用以 130.107.16.1 开始的 IP 地址，第二个子网可能使用以 130.107.16.200 开始的地址，以此类推。

　　IP 地址通常和子网掩码(Subnet Mask Code)一起使用，子网掩码有两个作用：一是与IP 地址进行"与"运算，得出网络号；二是用于划分子网。

　　(1) 区分 IP 地址中的网络号与主机号。当 TCP/IP 网络上的主机相互通信时，就可利用子网掩码得知这些主机是否在相同的网络区段内。子网掩码为 1 的位用来定位网络号，为 0 的位用来定位主机号。例如，如果某台主机的 IP 地址为 168.95.116.39，而子网掩码为 255.255.0.0，则将这两个数据做 AND(与)的逻辑运算后，得出的值中非 0 的部分即为其网络号，即 168.95。而 IP 地址中剩下的字节就是主机号，也就是 116.39。

　　(2) 划分子网。子网的划分是通过路由器来实现的。例如，网络 ID 为 139.12.0.0 的子网与其他子网的联系由路由器断开，就是所有访问 139.12.0.0 子网或子网中流出的通信都要通过路由器。

4．域名系统

　　IP 地址是用数字表示的，看起来不直观，且不容易记忆，使用者很少用二进制网络地址访问主机和其他资源，人们愿意使用有意义的符号名称(如 ASCII 字符串)来标识Internet 上的计算机。Internet 在 1985 年引入了域名系统(Domain Name System，DNS)，它的核心是分级的、基于域的命名机制，以及为了实行这个命名机制的分布式数据库系统。

　　1) 域名空间结构

　　DNS 域名空间采用层次结构，DNS 采用层次结构，入网的每台主机都可以有一个类似于下面的域名：

　　　　主机名．机构名．顶级域名

　　从根域名开始，有顶级域名，下面再划分各级子域名，网络中的计算机主机名接在某一子域名后面。域名标识由一串子名组成，子名之间用点分隔，基层名字在前，高层名字在后。例如，legend133h.cs.pku.edu.cn 代表的就是中华人民共和国(cn)教育网(edu)北京大学(pku)计算机系(cs)里的一台名为 legend133h 的主机。域名地址与 IP 地址对应，从左到右，域的范围变大。域名地址具有实际含义，比 IP 地址好记。

　　顶级域名可以分为以下三类：

　　(1) 国家顶级域名：用符合 ISO3166 国际标准国别识别符的两个英文字母的缩写标识一个国家，例如 cn 标识中国，au 标识澳大利亚等。

　　(2) 国际顶级域名：int 域名供国际组织使用。

　　(3) 通用顶级域名：为各个行业、机构使用。通用顶级域名有com(工商业机构)、edu(教育系统)、gov(政府机构)、mil(军事部门)、net(网络管理部门)和 org(社会组织)等。

　　国家顶级域名 cn 由中国互联网络信息中心(China Internet Network Information Center，CNNIC)管理，将 cn 域划分为多个子域，其中二级域名 edu 的管理权授予中国教育和科研计算机网(China Education and Research Network，CERNET)，CERNET 又将 edu 域划分为多个子域，构成三级子域，各大学和教育机构可在 edu 下向 CERNET 注册三级域名，各大学可以将三级域名再向下划分进行分配，如图 4-18 所示。

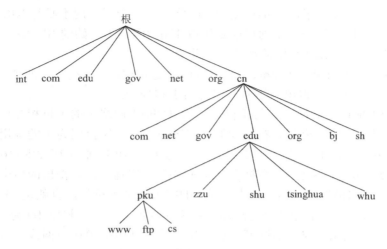

图 4-18　域名地址空间结构

2) 电子邮件地址标识

Internet 上的每个主机都有一个唯一的域名地址，使用电子邮件的用户须向电子邮件服务器申请一个用户邮箱，即申请一个电子邮件地址，其格式为"用户邮箱名@邮件服务器主机域名"，例如 lili@163.com，表示用户邮箱名为 lili，邮件服务器主机域名为 163.com，中间由@隔开。

3) 域名解析服务

域名解析服务实现因特网上的域名地址到网络 IP 地址的映射，域名解析采用客户/服务器模式，主要用来把主机域名和电子邮件地址映射为 IP 地址。为了把一个域名映射为一个 IP 地址，应用程序调用一种名叫域名解析器(Name Resolver)的客户程序，参数为域名。解析器将 UDP 分组传送到本地 DNS 服务器上，本地 DNS 服务器查找名字并将对应的 IP 地址返回给域名解析器，域名解析器再把它返回给调用者。例如域名 ibm320h.phy.pku.edu.cn 所对应的 IP 地址为 162.105.160.189，如图 4-19 所示。

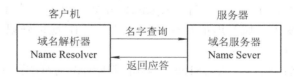

图 4-19　域名与 IP 地址的转换

本 章 习 题

一、选择题

1. 世界上最大的互联网是(　　　)。

A. Internet　　　　B. 局域网　　　　C. 城域网　　　　D. 广域网

2. 在局域网中，最常用的、成本最低的传输介质是(　　　)。

A. 无线通信　　　B. 光纤　　　　　　C. 同轴电缆　　　D. 双绞线

3. 在 ISO/OSI 的七层模型中，负责路由选择、使发送的分组能按其目的地址正确到达目的站的层次是(　　　)。

A. 物理层　　　　　B. 数据链路层　　　　C. 网络层　　　　D. 传输层

4. Internet 的四层结构分别是(　　　)。

A. 应用层、传输层、通信子网层和物理层

B. 应用层、表示层、传输层和网络层

C. 物理层、数据链路层、网络层和传输层

D. 网络接口层、网络层、传输层和应用层

5. 以下支持局域网与广域网互联的设备是(　　　)。

A. 光纤　　　　　　B. 网桥　　　　　　C. 路由器　　　　D. 交换机

6. 在因特网上的每一台主机都有唯一的地址标识，它是(　　　)。

A. IP 地址　　　　B. 用户名　　　　　C. 计算机名　　　D. 统一资源定位器

7. 下面的 IP 地址书写合法的是(　　　)。

A. 132.32.12.258

B. 145，42，231，100

C. 168.12.150.0

D. 142；54；23；56

8. 某企业为了建设一个可供客户在互联网上浏览的网站，需要申请一个(　　　)。

A. 密码　　　　　　B. 邮编　　　　　　C. 门牌号　　　　D. 域名

9. 在地址栏中输入输入的地址"http://www.ycu.edu.cn"中，edu 代表的是(　　　)。

A. 协议　　　　　　B. 主机　　　　　　C. 机构名　　　　D. 顶层域名

二、简答题

1. 计算机网络的三大主要功能是什么？

2. 计算机网络按照覆盖范围来分，可以分为哪几类？

3. 计算机网络中局域网的拓扑结构有几种？

4. Internet 的接入技术有几种？

第 5 章　信息安全

 本章概述

　　信息化社会中，信息已成为影响社会发展、推动社会进步的关键因素之一。人们对信息和信息技术的依赖程度越来越高，甚至有些行为方式也受到信息技术的约束。随着云计算、物联网、移动互联网等新技术、新应用的不断推广，全球范围内对信息安全也更加关注，信息安全形势正在变得复杂。信息安全是当今信息社会正常运转的基础，它关系到一个国家的社会安全、社会稳定和社会效益。本章主要介绍信息安全的概念、信息安全技术、个人网络信息的保护和计算机病毒等内容。

 学习目标

> ## 知识目标

◇ 了解信息安全的概念；
◇ 理解各种安全防范技术的基本知识；
◇ 掌握信息安全的解决方案和个人信息安全策略；
◇ 掌握计算机病毒的基本知识及计算机病毒的防治。

> ## 能力目标

◇ 能够分析信息系统所面临的攻击，制定出相应的防范措施；
◇ 能够设计预防计算机病毒的方案；
◇ 能够分析个人所面临的信息危险，制定相应的方案。

> ## 素质目标

◇ 树立学生的信息安全防范意识，并在实际生活中能够运用所学知识分析、判断和解决所遇到的信息安全问题。

知识导图

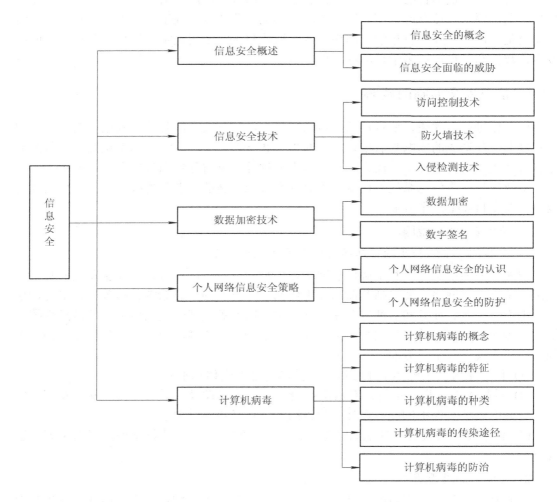

5.1 信息安全概述

信息是社会发展的重要战略资源和决策资源，信息化水平也已成为衡量一个国家综合国力的重要指标。随着计算机技术与通信技术的快速发展，社会各个领域的信息越来越依赖计算机的信息存储方式及传输方式，信息安全保护的难度也大大高于传统的信息存储及传输方式。信息的地位与作用因信息技术的快速发展而急剧上升，信息安全已成为人们关注的焦点。

5.1.1 信息安全的概念

信息安全是指信息网络的硬件、软件及其系统中的数据受到保护，不因偶然的或者恶意的原因而遭到破坏、更改和泄露，确保系统连续、可靠、正常地运行，信息服务不中断。信息安全主要包括信息的保密性、真实性、完整性、未授权拷贝和所寄生系统五方面的安全。其根本目的在于使内部信息不受外部威胁，因此信息通常要加密。为保障信息安全，要求有信息源认证、访问控制，不能有非法软件驻留，不能有非法操作。信息安全是一门涉及计算机科学、网络技术、通信技术、密码技术、信息安全技术、应用数学、数论和信息论等多学科的综合性学科。

5.1.2　信息安全面临的威胁

信息化进程在加快，信息化的覆盖面在扩大，信息安全面临的问题也就随之日益增多和复杂，其造成的影响与后果也会不断扩大和更趋严重。网络信息系统是一个复杂的计算机系统，它在物理上、操作上和管理上的种种漏洞将导致系统安全隐患严重。而信息又主要依托网络信息系统，这就给信息安全带来了新的问题和挑战。信息安全面临的威胁主要来自以下三个方面。

1. 技术安全风险因素

1）重要信息系统和基础信息网络安全防护能力不强

国家重要的信息系统和基础信息网络是信息安全防护的重点，是社会发展的基础。我国的基础信息网络主要包括互联网和电信网等，重要的信息系统包括政府、银行、铁路、电力、民航、证券和石油等关系国计民生的国家关键基础设施所依赖的信息系统。虽然我国在这些领域的信息安全防护工作取得了一定的成绩，但是安全防护能力仍然不强，主要表现在以下三方面：

(1) 信息系统安全整体上十分脆弱，基础信息安全体系不完善。

(2) 重视不够，投入不足。对信息安全基础设施建设投入不足，信息安全基础设施缺乏有效的维护和保护制度，设计与建设跟不上信息更新的要求。

(3) 信息安全关键领域缺乏自主核心产品，高端产品严重依赖国外，无形中埋下了安全隐患。

2）失泄密隐患严重

随着互联网和移动支付的发展，企业及个人数据量迅速增加，数据损坏、丢失和泄漏所造成的损失已经无法计量，信息的机密性、完整性和可用性均可能受到威胁。在当今全球一体化的大背景下，窃密与反窃密斗争愈演愈烈，特别在信息安全领域，保密工作面临的新问题越来越多，也越来越复杂。信息时代泄密途径日益增多，比如手机泄密、互联网泄密和移动存储介质泄密等新的技术发展也给信息安全带来了新的挑战。

2. 人为的恶意攻击

人为的因素最为复杂，不能用固定的方法和法律、法规对信息加以防护，这是信息安全所面临的最大威胁。相对物理实体和硬件系统而言，人为恶意攻击给信息安全带来的威胁最大。人为恶意攻击可以分为主动攻击和被动攻击。主动攻击的目的在于篡改系统中信息的内容，以各种方式破坏信息的有效性和完整性。被动攻击的目的是在不影响系统正常使用的情况下，进行信息的截获和窃取。总之，不管是主动攻击还是被动攻击，都给信息安全带来巨大的威胁和损失。攻击者常用的攻击手段有网页脚本、垃圾邮件、木马、非法链接和黑客等。

3. 薄弱的信息安全管理

随着信息技术和网络的发展，面对复杂、严峻的信息安全管理形势，根据信息安全风险的来源和层次，有针对性地采取技术、管理和法律等措施，构建立体的、全面的信息安全管理体系，已逐渐成为共识。与环境、粮食等安全问题一样，信息安全也呈现出全球性、突发性、扩散性等特点。由于信息及网络技术的全球性、互联性以及信息资源和数据的共享性等特点，其本身极易受到攻击，攻击的不可预测性和危害的连锁扩散性大大增强了信息安全问题造成的危害。信息安全管理已经被越来越多的国家所重视。与发达国家相比，我国的信息安全管理研究起步比较晚，基础性研究较为薄弱，研究的核心仅仅停留在信息安全法规的出台、信息安全风险评估标准及一些信息安全管理实施细则的制定上，并没有从根本上改变我国信息安全管理底子薄、漏洞多的现状。

信息安全面临的威胁根据其性质，基本上可以归结为以下几个方面：

(1) 非法使用：某一资源被某个非授权的人或团体，以非授权的方式使用。

(2) 拒绝服务：信息使用者对信息或其他资源的合法访问被无条件地阻止。

(3) 信息泄露：保护的信息被泄露或透露给某个非授权的实体。

(4) 破坏信息的完整性：数据被非授权地进行增删、修改或破坏而受到损失。

(5) 窃取：用各种可能的合法或非法的手段窃取系统中的信息资源和敏感信息。

(6) 仿冒：通过欺骗通信系统或用户，达到以非法用户冒充合法用户，或者以特权小的用户冒充特权大的用户的目的。我们平常所说的黑客大多采用的就是仿冒攻击。

(7) 授权侵犯：被授权以某一目的使用某一系统或资源的某个人，却将此权限用于其他非授权的目的，也称作"内部攻击"。

(8) 否认攻击：这是一种来自用户的攻击，涵盖范围比较广泛，比如，否认自己曾经发布过的某条消息、伪造一份对方来信等。

(9) 系统漏洞：攻击者利用系统的安全缺陷或安全性上的脆弱之处获得非授权的权利或特权。例如，攻击者通过各种攻击手段发现原本应保密，但是却又暴露出来的一些系统"特性"，利用这些"特性"，攻击者可以绕过防火墙侵入系统的内部。

(10) 计算机病毒：这是一种在计算机系统运行过程中能够实现传染和破坏功能的程序，行为类似病毒。

(11) 信息安全法律法规不完善：由于当前约束信息操作行为的法律法规还很不完善，存在很多漏洞，因此很多人打法律的"擦边球"，这就给信息窃取和信息破坏者以可乘之机。

5.2 信息安全技术

信息安全技术指通过采用各种技术手段和管理措施，使网络系统正常运行，从而确保网络数据的可用性、完整性和保密性。信息安全技术包括访问控制技术、防火墙技术和入侵检测技术等。

5.2.1　访问控制技术

访问控制的目的是防止对资源的非授权访问，通过某种途径准许或者限制访问能力，从而控制关键资源的访问。通过限制对关键资源的访问，防止非法用户的侵入或因合法用户的不慎操作而造成的破坏，从而保证网络资源的正确、合法使用。它是针对越权使用资源的防御措施。访问控制是系统保密性、完整性、可用性和合法使用性的重要基础，是信息安全防范和资源保护的关键策略之一，也是主体依据某些控制策略或权限对客体本身或其资源进行的不同授权访问。用户访问信息资源需要首先通过用户名和密码的验证；然后，访问控制系统要监视该用户所有的操作，并拒绝越权访问。

1. 密码认证

密码认证普遍存在于各种系统中，例如登录系统或使用系统资源前，用户需先出示其用户名和密码，才能通过系统的认证。

密码认证的工作机制是用户将自己的用户名和密码提交给系统，系统核对无误后，承认用户身份，允许用户访问所需资源。

密码认证的使用方法不是一个可靠的访问控制机制。因为密码在网络中是以明文传送的，没有受到任何保护，所以攻击者可以轻松地截获密码，并伪装成授权用户进入系统。

2. 加密认证

1) IP 地址认证

IP 地址认证实现方式比较简单，就是数据提供方将授权访问数据的服务器的 IP 加到应用程序信任的 IP 地址组，当此服务器访问数据时直接返回数据。

IP 地址认证的优点是认证方式简单，只需要判断 IP 地址就可以。但是对于移动设备或者某些让互联网用户直接获取数据的应用来说，无法实现数据控制与授权，只能针对于某一个具体的服务器。

2) 不可逆加密认证

不可逆加密认证的特征是在加密过程中不需要使用密钥，输入明文后由系统直接经过加密算法处理成密文，这种加密后的数据是无法被解密的，只有重新输入明文，并再次经过同样不可逆的加密算法处理，得到相同的加密密文并被系统重新识别后，才能真正解密。

举个例子来说，如要做一个 App(Application，手机软件)应用的数据接口，只允许安装此应用的应用终端访问数据，并且对于同一个超文本传输协议请求 URL 限制访问频率。首先服务器端和客户端约定一个对接密钥，然后客户端可以加密这个密钥，而为了使每次传送的参数不一样，可以加一个私钥向量。当服务器端接收到加密后的密钥和时间这两个参数后，用同样的算法将日期和密钥进行运算，将结果字符串和请求客户端传过来的密文进行比较。如果符合条件，则说明认证通过；否则认证不通过。时间除了作为一个私钥向量，还可作为限制过期访问的依据。例如在某个时间段(5 分钟)内请求，可以得到数据；服务器根据这个时间参数，如果超过了此时间则视为过期请求，这样可防止别人截获 URL 链接来请求数据。

　　由于加密过程是不可逆的，因此不可逆加密认证的优点就在于数据加密认证安全，它不仅可以满足一般的应用，还能够按照时间限制过期访问。但是，除了约定的私钥外，相当于每一个服务器端需要的参数都要明文传输一遍，这样服务器端才能够校验。

　　3) 可逆加密认证

　　可逆加密认证是不可逆加密认证的另一种变通，就是将服务器端需要的所有参数，以及服务器端与客户端约定的私钥按照一定的规则组合起来；然后通过加密算法加密成密文传给服务器端；服务器端再根据解密算法和私钥解析出客户端的参数信息，决定它是否具有数据访问的权限。

　　可逆加密认证的优点是参数简洁，参数信息全部用密文传输。但是，由于是可逆算法，如果参数组合过于简单，私钥有可能被破解。

5.2.2　防火墙技术

　　防火墙(Firewall)是一个由计算机软件和硬件组成的系统，部署于网络边界，是内部网和外部网、专用网与公共网的连接桥梁，同时对进出网络边界的数据进行保护，防止恶意入侵、恶意代码的传播等，保障内部网络数据的安全。防火墙技术是建立在网络技术和信息安全技术基础上的应用性安全技术，几乎所有的企业内部网络与外部网络相连接的边界都会放置防火墙，防火墙能够起到安全过滤和隔离外网攻击、入侵等作用。

　　随着技术的进步和防火墙应用场景的不断延伸，防火墙按照不同的使用场景，主要可以分成以下四类。

　　1. 过滤防火墙

　　过滤防火墙，顾名思义，就是在计算机网络中起过滤作用的防火墙。这种防火墙会根据已经预设好的过滤规则，对在网络中流动的数据包进行过滤。符合过滤规则的数据包会被放行；如果数据包不满足过滤规则，就会被删除。数据包的过滤规则是基于数据包报审的特征的。防火墙通过检查数据包的源头 IP 地址、目的 IP 地址、数据包遵守的协议、端口号等特征来完成过滤。第一代防火墙就属于过滤防火墙。

　　2. 应用网关防火墙

　　过滤防火墙在 OSI 七层协议中主要工作在数据链路层和 IP 层。与之不同的是，应用网关防火墙主要工作在最上层，即应用层。不仅如此，相比于过滤防火墙，应用网关防火墙最大的特点是拥有一套自己的逻辑分析系统。基于这个逻辑分析系统，应用网关服务器在应用层上进行危险数据的过滤，分析内部网络应用层的使用协议，并且对计算机网络内部的所有数据包进行分析，如果数据包没有应用逻辑，则不会被放行通过防火墙。

　　3. 服务防火墙

　　上述两种防火墙都是应用在计算机网络中来阻挡恶意信息进入用户的电脑的。服务防火墙则有其他的应用场景，主要用于服务器的保护。在现在的应用软件中，往往需要通过和服务器连接来获得完整的软件体验，所以服务防火墙也就应运而生了。服务防火墙用来防止外部网络的恶意信息进入到服务器的网络环境中。

4. 监控防火墙

如果说之前介绍的防火墙都是被动防守的话，监控防火墙不仅会防守，还会主动出击。监控防火墙一方面可以像传统的防火墙一样，过滤网络中的有害数据；另一方面可以主动对数据进行分析和测试，检测网络中是否存在外部攻击。这种防火墙对内可以过滤，对外可以监控，从技术上来说，是传统防火墙的重大升级。

5.2.3　入侵检测技术

入侵检测系统(Intrusion Detection System, IDS)能依照一定的安全策略，通过软、硬件对网络和系统的运行状况进行监视，尽可能发现各种攻击企图、攻击行为或攻击结果。它扩展了系统管理员的安全管理能力，保证了网络系统资源的机密性、完整性和可用性。与其他网络安全技术的不同之处在于，IDS 是一种积极主动的安全防护技术。

理想的入侵检测系统的功能主要有以下五点：

(1) 监视并分析用户和系统的活动，查找非法用户和合法用户的越权操作。

(2) 检测系统配置的正确性和安全漏洞，并提示管理员修补漏洞。

(3) 对用户的非正常活动进行统计分析，发现入侵行为的规律。

(4) 检查系统程序和数据的一致性与正确性，如计算和比较文件系统的校验和实时对检测到的入侵行为做出反应。

(5) 操作系统的审计跟踪管理。

入侵检测的基本假设是用户和程序的行为是可以被收集的(例如系统审计机制)，更重要的是正常行为和异常行为有着显著的不同。因此入侵检测系统包含以下三个必需的要素：

(1) 目标系统里需要保护的资源，例如网络服务、用户账号和系统核心等。

(2) 标记和这些资源相关的"正常"的和"合法"的行为的模型。

(3) 比较已经建立的模型和收集到的行为之间差别的技术，那些和"正常"行为不同的行为就会被认为是"入侵"。

一个合格的入侵检测系统能大大地简化管理员的工作，使得管理员能够更容易地监视、审计网络和计算机系统，扩展管理员的安全管理能力，从而保护网络和计算机系统的安全运行。

5.3　数据加密技术

5.3.1　数据加密

数据加密技术是网络中最基本的安全技术，主要通过对网络中传输的信息进行数据加密来保障其安全性，这是一种主动安全防御策略，用很小的代价即可为信息提供相当大的安全保护。

加密，是一种限制网络上传输数据的访问权的技术。原始数据被加密设备和密钥加密而产生的经过编码的数据称为密文；将密文通过解密算法和解密密钥还原为原始明文的过程称为解密，它是加密的反向处理，但解密者必须利用相同类型的加密设备和密钥对密文进行解密。

数据加密的基本功能如下：

(1) 防止不速之客查看机密的数据文件。

(2) 防止机密数据被泄露或篡改。

(3) 防止特权用户(如系统管理员)查看私人数据文件。

(4) 使入侵者不能轻易地查找一个系统的文件。

数据加密是确保计算机网络安全的一种重要机制，虽然由于成本、技术和管理上的复杂性等原因，目前尚未在网络中普及，但数据加密的确是实现分布式系统和网络环境下数据安全的重要手段之一。

数据加密可在 OSI 七层参考模型中工作。国际标准组织制定了 OSI 七层参考模型，这个模型把网络通信的工作分为七层，分别是物理层、数据链路层、网络层、传输层、会话层、表示层和应用层。从加密技术应用的逻辑角度来看，数据加密主要有三种方式：

(1) 链路加密。通常把网络层以下的加密叫链路加密，主要用于保护通信节点间传输的数据，加解密由置于线路上的密码设备实现。根据传递的数据的同步方式又可分为同步通信加密和异步通信加密两种，同步通信加密又包含字节同步通信加密和位同步通信加密。

(2) 节点加密。节点加密是对链路加密的改进。在协议传输层上进行加密，主要是对源节点和目标节点之间传输的数据进行加密保护；与链路加密类似，只是加密算法要结合在依附于节点的加密模件中，克服了链路加密在节点处易遭非法存取的缺点。

(3) 端对端加密。网络层以上的加密称为端对端加密。它面向的是网络层主体，对应用层的数据信息进行加密，易于用软件实现，且成本低，但密钥管理困难，主要适合大型网络系统中信息在多个发方和收方之间传输的情况。

5.3.2 数字签名

数字签名(Digital Signature)是附加在数据单元上的一些数据，或是对数据单元所做的密码变换,这种数据或变换允许数据单元的接收者用以确认数据单元的来源和完整性，保护数据，防止被人(例如接收者)伪造。数字签名是只有信息的发送者才能产生的别人无法伪造的一段数字串。数字签名基于公钥密码体制(非对称密钥密码体制)。

数字签名的实现过程：发送报文时，发送方用一个哈希函数从报文文本中生成报文摘要，然后用发送方的私钥对这个摘要进行加密，这个加密后的摘要将作为报文的数字签名和报文一起发送给接收方；接收方首先用与发送方一样的哈希函数从接收到的原始报文中计算出报文摘要，接着用公钥来对报文附加的数字签名进行解密，如果这两个摘要相同，那么接收方就能确认该报文是发送方的。

数字签名有两种功效：一是能确定消息确实是由发送方签名并发出来的，因为别人假冒不了发送方的签名；二是能确定消息的完整性。因为数字签名的特点是它代表了文件的特征，文件如果发生改变，数字摘要的值也将发生变化。不同的文件将得到不同的数字摘要。一次数字签名涉及一个哈希函数、接收者的公钥和发送方的私钥。

5.4　个人网络信息安全策略

信息时代的计算机网络给每个人都带来了便利，人们可以在网上浏览网页、查阅资料、发送邮件、进行网上交易等。但是，计算机网络在给人们带来极大便利的同时，也给人们的个人信息安全带来了很大的威胁。如何使个人信息在网络中得到充分的保护，将网络对个人生活的安全与自由所产生的负面影响降到最低程度，需要多个方面的共同努力。

5.4.1　个人网络信息安全的认识

人们在日常工作、生活中利用网络进行信息浏览、业务登记和办理、购物时，通常会被要求填写一系列表格以确定浏览者的身份，这些个人资料包括姓名、性别、年龄、身份证号码、电话、家庭住址、职业、教育程度和家庭状况等。这些个人信息很容易被别人利用，而造成信息泄露。

许多商家和业务办理单位利用自己所掌握的用户信息，建立综合数据库，对用户信息进行记录和跟踪。这其中就存在信息安全隐患，如商家之间或商家与机构之间互相交换所掌握的用户信息，网上商场将自己所掌握的用户信息出售给一些信息的需要者，业务机构擅自泄露用户信息，用户信息被非法买卖，使用户受到垃圾电话和邮件的骚扰。

黑客的攻击手段可分为破坏性攻击和非破坏性攻击两类。破坏性攻击以侵入他人电脑系统，盗窃系统保密信息，破坏目标系统的数据为目的。攻击者的目标就是系统中的重要数据，因此攻击者通过登上目标主机，或是使用网络监听进行攻击。非破坏性攻击一般是为了扰乱系统的运行，并不盗窃系统资料，通常采用的方式有拒绝服务攻击或信息炸弹。

5.4.2　个人网络信息安全的防护

1. 用户名和密码

用户在不同的网站都要使用密码，一般来说，用户倾向于使用相同的密码，这样容易记忆。但当不法分子破译一套账户和密码时，很容易掌握用户在其他网站的相同的账号和密码。所以至少要有两套用户名和密码，分级管理，不要多个网站使用同一套账户密码。

2. 识别真假网站

当收到一个网站的链接时，不要随意打开，冒名网站的内容完全可与真的网站一模一样，但是真假网站的域名却是不一样的，要学会通过域名辨别网站的真伪。

3. 手机遗失

当前大多数人都在使用手机进行网购，通过网上支付完成交易。如果手机丢失，应该第一时间拨打运营商客服电话进行停机处理。

4. 慎用免费 WIFI

在公共场所使用免费 WIFI，可能存在安全隐患，因此需谨慎使用免费 WIFI。

5.5　计 算 机 病 毒

计算机病毒是计算机技术和以计算机为核心的社会信息化进程发展到一定阶段的产物。计算机病毒是一段可执行的程序代码，它能附着在各种类型的文件上，在计算机用户间传播和蔓延，对计算机信息安全造成极大的威胁。

5.5.1　计算机病毒的概念

计算机病毒(Computer Virus)是编制者在计算机程序中插入的破坏计算机功能或者数据的代码，是能影响计算机使用并能自我复制的一组计算机指令或者程序代码。

5.5.2　计算机病毒的特征

计算机病毒有以下六点特征。

1. 繁殖性

计算机病毒可以像生物病毒一样进行繁殖，当正常程序运行时，它也能进行自身复制，是否具有繁殖、感染的特征是判断某段程序是否为计算机病毒的首要条件。

2. 破坏性

计算机中毒后，往往具有极大的破坏性，可能导致程序无法正常运行，计算机内的文件会被删除或受到不同程度的损坏，对计算机用户造成较大损失。

3. 传染性

计算机病毒的一大特征是传染性，能够通过移动设备、网络等途径入侵计算机。在入侵之后，往往可以实现病毒扩散，感染未感染的计算机，进而造成大面积瘫痪等事故。随着网络信息技术的不断发展，在短时间之内，病毒能够实现较大范围的恶意入侵。

4. 潜伏性

潜伏性是指计算机病毒可以潜伏寄生其他媒体，侵入后的病毒潜伏到条件成熟时才发作，会使计算机运行速度变慢。

5. 隐蔽性

计算机病毒具有很强的隐蔽性，不易被发现，难以实现有效的查杀，少数病毒可以通过病毒软件检查出来。计算机病毒时隐时现、变化无常，这类病毒处理起来非常困难。因此，计算机病毒的隐蔽性使得计算机安全防范处于被动状态，造成严重的安全隐患。

6. 可触发性

可触发性是指编制计算机病毒的人，一般都为病毒程序设定了一些触发条件，当某个特定事件或数值出现时，将诱使病毒实施感染行为或进行攻击。

5.5.3　计算机病毒的种类

可根据不同的标准对计算机病毒进行分类。

1. 按照计算机病毒的破坏能力分类

(1) 无害型病毒。这类病毒只会减少计算机的可用存储空间，对系统没有其他影响。

(2) 无危险型病毒。这类病毒会减少计算机内存、显示某些特定的图像、发出声音等，但不影响系统。

(3) 危险型病毒。这类病毒会对计算机系统造成严重的危害。

(4) 非常危险型病毒。这类病毒会破坏计算机中的数据、删除程序、修改系统内存区和操作系统中一些重要的信息。

2. 按照计算机病毒的链接方式分类

由于计算机病毒本身必须有一个攻击对象，以实现对计算机系统的攻击，而计算机病毒所攻击的对象一般是计算机系统可执行的部分，因此，计算机病毒可根据链接方式进行分类。

(1) 源码型病毒。该病毒攻击高级语言编写的程序，该病毒在高级语言所编写的程序编译之前插入到源程序中，经编译成为合法程序的一部分。

(2) 嵌入型病毒。这种病毒是将自身嵌入到现有程序中，把计算机病毒的主体程序与其攻击的对象以插入的方式进行链接。这种计算机病毒的编写比较复杂，一旦侵入程序后也较难消除。如果同时采用多态性病毒技术、超级病毒技术和隐蔽性病毒技术，将给当前的反病毒技术带来严峻的挑战。

(3) 外壳型病毒。外壳型病毒将其自身包围在主程序的四周，对原来的程序不进行修改，执行时先执行此病毒，不断复制，使计算机工作效率降低。这种病毒最为常见，易于编写，也易于发现，一般测试文件的大小即可发现。

(4) 操作系统型病毒。这种病毒用它自己的程序加入操作系统或取代部分操作系统进行工作，具有很强的破坏力，可以导致整个系统瘫痪。圆点病毒和大麻病毒就是典型的操作系统型病毒。

3. 按照计算机病毒的传播媒介分类

(1) 单机病毒。单机病毒的载体是磁盘、移动设备，常见的是病毒从外部设备传入硬盘，感染系统，然后传染其他磁盘，磁盘又传染其他系统。

(2) 网络病毒。网络病毒的传播媒介不再是移动式载体，而是网络通道。这种病毒的传染能力更强，破坏力更大。

5.5.4　计算机病毒的基本传播途径

计算机病毒有如下三种传播途径。

(1) 通过移动存储设备进行病毒传播：如 U 盘、移动硬盘和手机等都可以是病毒传播的路径，而且因为它们经常被移动和使用，所以它们更容易成为计算机病毒的携带者。

(2) 通过网络来传播：网页、电子邮件、QQ 和微信等都可以是计算机病毒网络传播的途径；特别是近年来，随着网络技术的发展和互联网运行频率的加快，计算机病毒的传播速度越来越快，范围也在逐步扩大。

(3) 利用计算机系统和应用软件的弱点传播：近年来，越来越多的计算机病毒利用应用系统和应用软件的不足进行传播，因此这种途径也被划分在计算机病毒基本传播方式中。

5.5.5　计算机病毒的防治

对于计算机病毒，需要树立以防为主、以清除为辅的观念。计算机病毒的清除具有很大的被动性，即发现病毒后，才能查找有效的杀毒方法。而防范计算机病毒具有主动性，所以我们应把工作的重点放在对计算机病毒的防范上。

1. 管理上的预防

管理上的预防主要体现在以下六个方面。

(1) 不使用来历不明的软件，尤其是盗版软件，机房应禁止未经检测的移动设备插入计算机，严禁上机打游戏。因为游戏的运行环境较复杂，病毒传染的可能性较大。

(2) 安装有效的防毒软件，并经常进行升级。

(3) 对所有的系统盘以及移动盘进行写保护，防止盘中的文件被感染。

(4) 计算机应有严格的使用权限。

(5) 系统中的重要文件要进行备份，尤其是数据要定期备份。

(6) 对外来程序要使用防毒软件进行查杀，未经查杀的可执行文件不能拷入硬盘，更不能使用。

2. 技术方法上的预防

技术方法上的预防主要体现在以下四个方面。

(1) 采用内存常驻的防病毒程序。在系统启动盘中加入一个病毒检测程序，它将时刻监视病毒的侵入，并对磁盘进行检查。由于有些病毒具有躲开防毒程序的功能，所以，不能把它作为防病毒的主要武器。

(2) 运行前对文件进行检测。这种方法主要采用杀毒软件进行检查，不是所有的杀毒软件都能清除所有病毒，所以还是要以预防为主。

(3) 改变文档的属性。只读文档是不能修改的，有些病毒也只能去掉只读标志，不能改变文件属性。这种方法不失为一种简单的预防病毒的方法，但它只针对一般的文件型病毒。

(4) 改变文件扩展名。由于病毒在感染计算机文件时必须了解文件的属性，对不同的文件使用不同的传染方式，因此将可执行文件的扩展名改变后，多数病毒会失去效力。

本 章 习 题

1. 简述单钥体制和双钥体制的主要区别。
2. 简述数字签名的功能和作用。
3. 简述访问控制技术认证的方法。
4. 简述对称加密和非对称加密的主要区别。
5. 网络防病毒工具的防御能力主要体现在哪些方面？
6. 防火墙体系结构通常分为几类？
7. 简述防火墙的作用。

第 6 章　大数据与云计算

 **本章概述**

　　本章主要解释什么是大数据，并详细阐述大数据的"4 V"特性；介绍大数据技术的发展历程，指出信息科技的不断进步为大数据时代提供了技术支撑，数据产生方式的变革促进了大数据时代的到来；提出大数据并非单一的数据或技术，是数据和技术的综合体，详细介绍大数据在互联网领域的应用；最后详细介绍云计算的概念和关键技术，云计算数据中心及应用，以及大数据、云计算和物联网三者之间的关系。

 学习目标

> **知识目标**

◇ 了解大数据的概念、影响和应用；
◇ 了解云计算的部署模式与服务模式；
◇ 掌握云计算的特点及关键技术；
◇ 理解大数据与云计算、物联网之间的关系。

> **能力目标**

◇ 能够描述大数据和云计算的关键技术；
◇ 能够描述大数据与云计算的现状和发展；
◇ 能够对典型大数据与云计算应用系统进行结构分析。

> **素质目标**

◇ 培养学生科学思考和独立思考的能力。

知识导图

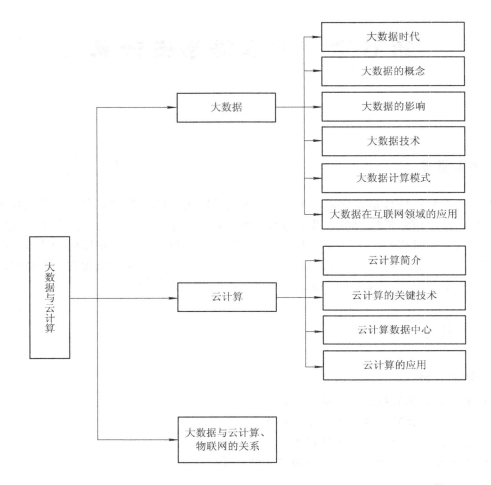

　　从技术角度看，云计算与大数据就像硬币的正反面一样，两者密不可分。大数据没有办法借助单台计算机进行数据处理，必须采用分布式结构，对海量数据进行分布式数据挖掘，必须凭借云计算的分布式处理、分布式数据库和云存储、虚拟化技术。云计算是支撑大数据的平台，是大数据成长的驱动力。但由于数据越来越多，越来越复杂，越来越实时，这就更加需要云计算的处理，所以大数据是云计算的处理对象，二者之间是相辅相成的。

　　从本质上看，云计算与大数据是静与动的关系。云计算强调的是计算，这是动的概念；而数据是计算的对象，是静的概念。如果结合实际的应用，云计算强调的是计算能力，或者注重的是存储能力，而大数据需要的是处理数据的能力，例如数据获取、数据清洗、数据转换和数据统计等能力。云计算的"动"也是相对而言的，基础设施即服务中的存储设备主要指向数据存储能力，可谓是动中有静。如果把数据看作财富，那么大数据就是宝藏，而云计算就是挖掘和利用宝藏的工具。

6.1　大　数　据

在学术界，大数据这一概念的提出相对较早。*Nature*《自然》杂志于 2008 年 9 月出版了名为"大数据"(*Big Data*)的专刊。2011 年 5 月，麦肯锡全球研究院发布了名为《大数据：创新、竞争和生产力的下一个前沿》(*Big data: The next frontier for innovation, competition, and productivity*) 的研究报告，指出大数据将成为企业的核心资产，对海量数据的有效利用将成为企业在竞争中获胜的最有力武器。2012 年，联合国发布大数据政务白皮书，提出人们如今可以使用极为丰富的数据资源来对社会经济进行前所未有的实时分析、预测，帮助政府更好地响应社会和经济运行。2012 年 3 月 29 日，美国政府发布了《大数据研究与发展计划倡议》，宣布启动大数据研发计划，标志着美国把大数据提升到国家战略层面，将"大数据研究"上升为国家意志，必将对美国未来的科技与经济发展带来深远影响。中国于 2015 年 11 月 3 日发布的《中共中央关于制定国民经济和社会发展第十三个五年规划的建议》提出，拓展网络经济空间，推进数据资源开放共享，实施国家大数据战略，超前布局下一代互联网，这标志着我国首次提出推行国家大数据战略。

6.1.1　大数据时代

第三次信息化浪潮的涌动，促使大数据时代全面开启。人类社会在信息科技领域的发展为大数据时代的到来提供了技术支撑，数据产生方式的变革促使了大数据时代的到来。

1. 第三次信息化浪潮催生大数据时代全面开启

根据 IBM 前首席执行官郭士纳的观点，IT 领域每隔 15 年就会迎来一次重大变革(见表 6-1)。1980 年前后，个人计算机(PC)开始普及，计算机走进企业和千家万户，极大提高了社会生产力，促使人类迎来了第一次信息化浪潮，Intel、AMD、IBM、苹果、微软、联想等企业是这一时期的标志；随后，在 1995 年前后，人类开始步入互联网时代，而互联网的普及使得世界变成"地球村"，每个人都可以自由遨游于信息海洋，人类迎来了第二次信息化浪潮，这一时期又铸造了谷歌、百度、搜狐、雅虎、阿里巴巴、腾讯等互联网巨头；时隔 15 年，到了 2010 年左右，云计算、大数据、物联网的迅猛发展，催生了第三次信息化浪潮。大数据时代已经来临，也孵化出一批新的市场标杆企业。

表 6-1　三次信息化浪潮

信息化浪潮	发生时间	标志	解决的问题	代表企业
第一次浪潮	1980 年前后	个人计算机	信息处理	Intel、AMD、IBM、苹果、微软、联想、戴尔和惠普等
第二次浪潮	1995 年前后	互联网	信息传输	谷歌、百度、搜狐、雅虎、阿里巴巴、腾讯等
第三次浪潮	2010 年前后	物联网、云计算和大数据	信息爆炸	亚马逊、谷歌、IBM、VMWare、Palantir、Hortonworks、Cloudera、阿里云、百度云和腾讯云等

2. 信息科技为大数据时代提供技术支撑

信息科技需要解决信息存储、信息传输和信息处理三大核心问题，人类社会在信息科技领域的不断进步，为大数据时代的到来提供了技术支撑。

1) 存储设备容量不断增加

数据被存储在磁盘、磁带、光盘、闪存等各种类型的存储介质中，随着科学技术的不断进步，存储设备的制造工艺不断升级，容量大幅增加，速度不断提升，价格却在不断下降(见图 6-1)。

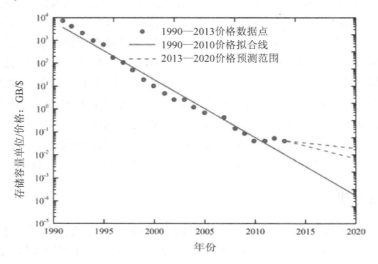

图 6-1　存储设备价格随时间变化的情况

早期的存储设备容量小、价格高、体积大，例如 IBM 在 1956 年生产的一个早期的商业硬盘，容量仅有 5 MB，不仅价格昂贵，而且体积非常大(见图 6-2)。今天容量为 1TB 的硬盘，大小只有 3.5 英寸(约为 8.89 cm)，读写速度达到 200 MB/s，价格为 400 元人民币左右。廉价、高性能的硬盘存储设备，不仅提供了海量的存储空间，而且大大降低了数据的存储成本。

图 6-2　IBM 1956 年生产的第一块商业硬盘

与此同时，以闪存为代表的新型存储介质也开始得到大规模的普及和应用。闪存是一种新兴的半导体存储器，从 1989 年诞生第一款闪存产品开始，闪存技术不断取得新的突破，并逐渐在计算机存储产品市场确立了重要地位。闪存是一种非易失性存储器，即使断电也不会丢失数据，可作为永久性存储设备，具有体积小、质量轻、能耗低、抗震性好等特点。

闪存芯片可以被封装制作成 SD 卡、U 盘和固态盘等各种存储产品，SD 卡和 U 盘主要用于存储个人数据，固态盘愈来愈多地用于存储企业级数据。一个 128 GB 的 SD 卡，体积只有 15 mm × 11 mm × 1 mm，质量只有 7.5 g。以前 7200 r/min 的硬盘，一秒钟读/写次数只有 100 IOPS(Input/Output Operation per Second，每秒进行读/写操作的次数)，传输速率只有 50 Mb/s，而现在基于闪存的固态盘，每秒钟读/写次数有几万甚至更高的 IOPS，访问延迟只有几十微秒，可以以更快的速度读/写数据。

总地来说，数据量和存储设备容量两者之间是相辅相成、相互促进的。一方面，随着数据的不断产生，需要存储的数据量不断增加，对存储设备的容量提出了更高的要求，促使存储设备生产商制造更大容量的产品以满足市场的需求；另一方面，更大容量的存储设备进一步加快了数据量增长的速度。在存储设备价格高昂的年代，由于考虑成本问题，一些不必要或当前不能明显体现价值的数据往往会被抛弃。但是，随着单位存储空间价格的不断降低，人们倾向于把更多的数据保存起来，以期在未来某个时刻可以借助更先进的数据分析工具从中挖掘出更大的价值。

2) CPU 处理能力大幅提升

CPU 处理速度的不断提升，也是促使数据量不断增加的重要因素之一。随着 CPU 性能的不断提升和处理数据的能力的不断提高，人们可以更快处理不断积累的海量数据。从 20 世纪 80 年代至今，CPU 的制造工艺不断提升，晶体管数量不断增加(见图 6-3)，运行频率不断提高，核心数量逐渐增多，而同等价格所能获得的 CPU 处理速度呈几何级数上升。在此期间，CPU 的处理速度已经从 10 MHz 提高到 3.6 GHz，在 2013 年之前的很长一段时间，CPU 处理速度的增加一直遵循摩尔定律，即 CPU 晶体管的数目大约每隔 18 个月便会增加一倍，而价格下降一半。

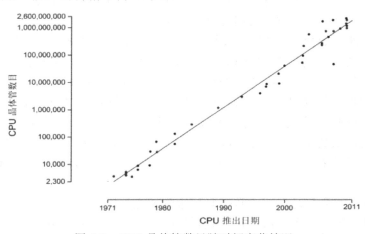

图 6-3　CPU 晶体管数目随时间变化情况

3) 网络带宽不断增加

1977 年,在美国芝加哥市世界第一条光纤通信系统投入商用,数据传输速率为 45 Mb/s,从此人类社会的信息传输速率不断被刷新。进入 21 世纪,世界各国纷纷加大宽带网络建设力度,不断扩大网络覆盖范围和提高传输速率(见图 6-4)。以我国为例,截至 2012 年 6 月,92.6%的固定宽带用户接入速率达到或超过 2 MB/s,国际互联网出口带宽达到 1.48 TB/s,是 2005 年的 11.4 倍。与此同时,移动通信宽带网络迅速发展,4G 网络已经普及,5G 网络覆盖范围不断加大,各种终端设备可以随时随地传输数据。大数据时代,信息传输不再受到网络发展的制约。

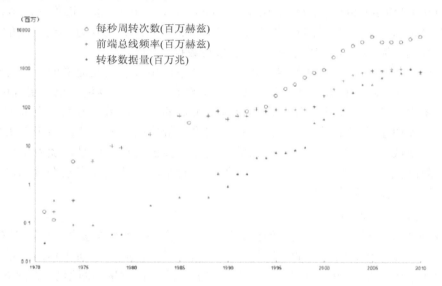

图 6-4　网络带宽随时间变化情况

3. 数据产生方式的革新促成大数据时代来临

数据是人们通过观察、实验或计算得出的结果。数据和信息是两个不同的概念。信息是比较宏观的概念,由数据有序排列组合而成,传达给人们某个概念、方法等;数据是构成信息的基本单位,离散的数据没有任何实用价值。

数据有很多种,如数字、文字、图像、声音、视频和动画等。随着人类社会信息化进程的加快,在人们的日常生产和生活中,每天都会产生大量数据,商业网站、政务系统、零售系统、办公系统、自动化生产系统、微信、QQ 和微博等,每时每刻都在不断地产生数据。数据已经渗透到当今每一个行业和业务领域,成为重要的生产因素,数据推动着企业的发展,并使得各级组织的运营更加高效,数据已成为每个企业获取核心竞争力的关键要素。数据资源已经和物质资源、人力资源一样,成为国家的重要战略资源,影响着国家和社会的安全、稳定与发展,因此数据也被称为"未来的石油"。

数据产生方式的变革是促成大数据时代来临的重要因素。简而言之,人类社会的数据产生方式大概经历了三个阶段:运营式系统阶段、用户原创内容阶段和感知式系统阶段(见图 6-5)。

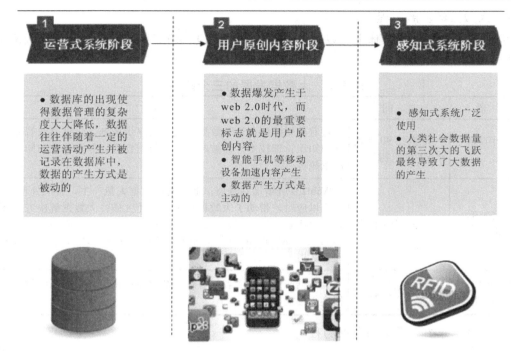

图 6-5　数据产生方式变革

(1) 运营式系统阶段。人类社会最早大规模管理和使用数据是从数据库诞生开始的。大型零售超市销售系统、银行交易系统、股市交易系统、医院医疗系统和企业客户管理系统等大量运营式系统都是建立在数据库基础之上的，数据库中保存了大量结构化的企业关键信息，用来满足企业各种业务需求。在此阶段，数据产生方式是被动的，只有当实际的企业业务发生时，才会产生新的记录并存入数据库。例如，对于超市交易系统，只有发生一笔商品交易时，才会有相关记录生成。

(2) 用户原创内容阶段。互联网的出现使得数据传播更加快捷，不需要借助磁盘、磁带等物理存储介质传播数据；网页的出现进一步加速了网络内容的产生，使得人类社会数据量开始呈现"井喷式"增长。但是，互联网真正的数据爆发产生于以"用户原创内容"为特征的 Web 2.0 时代。Web 1.0 时代主要以门户网站为代表，强调内容的组织与提供，大量上网用户并不参与内容的产生。但是，Web 2.0 技术以维基、博客、微博和微信等自服务模式为主，大量上网用户本身就是内容的生成者，尤其是随着移动互联网和智能手机终端的普及，人们可以随时随地使用手机发微博、传照片，数据量急剧上升。

(3) 感知式系统阶段。物联网的发展最终导致了人类社会数据量的第三次跃升。物联网中包含了大量传感器，如温度传感器、湿度传感器、压力传感器、位移传感器和光电传感器等；此外，视频监视摄像头也是物联网的重要组成部分。物联网中的这些设备，每时每刻都在自动产生大量数据，与 Web 2.0 时代的人工数据产生方式相比，物联网中的自动数据产生方式将在短时间内生成更密集、更大量的数据，使得人类社会迅速进入"大数据时代"。

4. 大数据的发展历程

大数据的发展历程总体上可以划分为三个重要阶段：萌芽期、成熟期和大规模应用期(见表 6-2)。

表 6-2　大数据发展的三个阶段

阶　段	时　间	内　容
第一阶段：萌芽期	20 世纪 90 年代至 21 世纪初	随着数据挖掘理论和数据库技术的逐步成熟，一批商业智能工具和知识管理技术开始被应用，如数据仓库、专家系统和知识管理系统等
第二阶段：成熟期	21 世纪前 10 年	Web 2.0 应用迅猛发展，非结构化数据大量产生，传统处理办法难以应对，带动了大数据技术的快速突破；大数据解决方案逐渐走向成熟，形成了并行计算与分布式系统两大核心技术，谷歌的 GFS 和 MapReduce 等大数据技术受到追捧，Hadoop 平台开始大行其道
第三阶段：大规模应用期	2010 年以后	大数据应用渗透到各行各业，数据驱动决策，信息系统智能化程度大幅提高

以下简要介绍大数据的发展历程。

1980 年，著名未来学家阿尔文·托夫勒在《第三次浪潮》一书中，将大数据热情地称颂为"第三次浪潮的华彩乐章"。

1990 年 10 月，在美国电气和电子工程师协会关于可视化的年会上，设置了名为"自动化或者交互：什么更适合大数据？"的专题小组，讨论大数据问题。

1997 年 10 月，迈克尔·考克斯和大卫·埃尔斯奥斯在第八届美国电气和电子工程师协会关于可视化的会议论文集中发表了《为外存模型可视化应用控制程序请求页面调度》的文章，这是在美国计算机学会的数字图书馆的第一篇使用"大数据"这一术语的文章。

2001 年 2 月，梅塔集团分析师道格·莱尼发布题为《3D 数据管理：控制数据容量、处理速度即数据种类》的研究报告。10 年后，"3 V"作为定义大数据的三个维度而被广泛接受。

2005 年 9 月，蒂姆·奥莱利发表了《什么是 Web 2.0》一文，在文中指出，"数据将是下一项核心技术"。

2008 年，*Nature* 杂志推出大数据专刊；美国计算社区联盟发表了报告《大数据计算：在商业、科学和社会领域的革命性突破》，阐述了大数据技术及其面临的一些挑战。

2010 年 2 月，肯尼斯·库克尔在《经济学人》上发表了一份关于管理信息的特别报告——《数据，无所不在的数据》。

2011 年 2 月，*Science* 杂志推出专刊《处理数据》，讨论了科学研究中的大数据问题。

2011 年，维克托·迈尔·舍恩伯格出版著作《大数据时代：生活、工作与思维的大变革》，引起轰动。

2011 年 5 月，麦肯锡全球研究院发布《大数据：下一个具有创新力、竞争力与生产力的前沿领域》，提出"大数据"时代到来。

2012 年 3 月，美国奥巴马政府发布了《大数据研究和发展倡议》，正式启动"大数据发展计划"，大数据上升为美国国家发展战略，被视为美国政府继信息高速公路计划之后在信息科学领域的又一重大举措。

2013 年 12 月，中国计算机学会发布《中国大数据技术与产业发展白皮书》，系统总结了大数据的核心科学与技术问题，推动了我国大数据学科的建设与发展，并为政府部门提供了战略性的意见与建议。

2014 年 5 月，美国政府发布了 2014 年全球"大数据"白皮书《大数据：抓住机遇、守护价值》，鼓励使用数据来推动社会进步。

2015 年 8 月，中国国务院印发《促进大数据发展行动纲要》，全面推进我国大数据发展和应用，加快建设数据强国。

2016 年 5 月，在"2016 大数据产业峰会"上，中国工信部透露，我国将制定出台大数据产业"十三五"发展规划，有力推进我国大数据技术创新和产业发展。

6.1.2　大数据的概念

随着大数据时代的到来，"大数据"已经成为互联网信息技术行业的流行词汇。那么什么是大数据？大数据有哪些特征？

1. 什么是大数据？

大数据是指在一定时间范围内使用常规软件工具无法被捕捉、管理和处理的数据集合，是需要通过新处理模式才能具有更强的决策力、洞察发现力和流程优化能力的海量、高增长率和多样化的信息资产。

2. 大数据的特征

大数据有哪些特征？目前大家比较认同大数据的"4 V"特征说法，即数据量(Volume)大、数据类型(Variety)多、处理速度(Velocity)快和价值密度(Value)低。

1) 数据量大

人类步入信息社会以后，数据以自然方式增长，其产生不以人的意志为转移。从 1986 年到 2020 年，数据的数量增长了数百倍，今后数据量的增长速度将会更快。我们正生活在一个"数据爆炸"的时代。今天，互联网的设备只有 25%是网络联接设备，而大约 80%的设备是计算机和移动终端，在不远的将来，将有更多的用户成为网民，汽车、电视、家用电器和生产机器等各种设备也将接入互联网。随着 Web 2.0 和移动互联网的快速发展，人们已经可以随时随地发布包括微博、博客和微信等信息。随着物联网的推广和普及，各种传感器和摄像头将会遍布我们工作和生活的各个角落，这些设备每时每刻都在自动产生大量的数据。

综上所述，人类社会正经历第二次"数据爆炸"(如果把印刷在纸上的文字和图形也看作数据，那么人类历史上第一次"数据爆炸"发生在造纸术和印刷术发明时期)。各种数据产生速度之快，产生数量之大，已经远远超出人类可以控制的范围，"数据爆炸"成为大数据时代的鲜明特征。根据著名咨询机构 IDC(Internet Data Center，互联网数据中心)做出的估测，人类社会产生的数据一直都在以每年 50%的速度增长，也就是说，每两年就增长一倍，这也被称为"大数据摩尔定律"。这意味着，人类在最近两年产生的数据量相当于之前产生的全部数据量之和。到 2025 年，全球将总共拥有 163 ZB (见表 6-3)的数据量，数据量增长将近 30 倍。

表 6-3　数据存储单位之间的换算

单位	换算关系
B(Byte，字节)	1 B = 8 bit
Kb(Kilobyte，千字节)	1 Kb = 1024 B
MB(Megabyte，兆字节)	1 MB = 1024 KB
GB(Gigabyte，吉字节)	1 GB = 1024 MB
TB(Trillionbyte，太字节)	1 TB = 1024 GB
PB(Petabyte，拍字节)	1 PB = 1024 TB
EB(Exabyte，艾字节)	1 EB = 1024 PB
ZB(Zettabyte，泽字节)	1 ZB = 1024 EB

2) 数据类型多

大数据的数据来源众多，科学研究、企业应用和 Web 应用等都在源源不断地生成数据。生物大数据、交通大数据、医疗大数据、电信大数据、电力大数据和金融大数据等都呈现"井喷式"增长，所涉及的数量十分巨大，已经从 TB 级跃升到 PB 级别。

大数据的数据类型丰富，包括结构化数据和非结构化数据。其中，结构化数据约仅占 10%，主要是指存储在关系型数据库中的数据；非结构化数据则多达 90%左右，数据种类繁多，主要包括邮件、音频、视频、位置信息、链接信息、手机呼叫信息和网络日志等。

如此类型繁多的异构数据，对数据处理和分析技术提出了新的挑战，也带来了新的机遇。传统数据主要存储在关系型数据库中；在类似 Web 2.0 等应用领域，越来越多的数据开始被存储在非关系型数据库(Not only SQL，NoSQL)中，这就必然要求在集成的过程中进行数据转换，而这种转换的过程是非常复杂和难以管理的。传统的联机分析处理(OnLine Analytical Processing，OLAP)和商务智能工具大多数面向结构化数据，而在大数据时代，面向用户友好、支持非结构化数据分析的商业软件将迎来广阔的市场空间。

3) 处理速度快

大数据时代的数据增长速度非常快。在 Web 2.0 应用领域，在 1 分钟之内，新浪可以产生 2 万多条微博，Twitter 可以生成 10 万多条推文，苹果可以下载 4.7 万次应用，淘宝可以卖出 6 万多件商品，人人网可以发生 30 多万次访问，百度可以产生 90 多万次搜索查询，Facebook 可以发生 600 多万次浏览。大型强子对撞机(LHC)大约每秒能产生 6 亿次碰撞，生成约 700 MB 数据，有成千上万台计算机分析这些数据。

大数据时代的很多应用都需要基于快速生成的数据给出实时分析结果，用于指导生产和生活实践。因此，数据处理和分析的速度通常需要达到秒级，这一点和传统的数据挖掘技术有着本质上的不同，后者通常不要求给出实时分析结果。

为了快速分析海量数据，新兴的大数据分析技术通常采用的是集群处理和独特的内部设计。以谷歌公司的 Dremel 为例，它是一种可扩展的、交互式的实时查询系统，用于对只读嵌套数据的分析，通过结合多级树状执行过程和列式数据结构，可以做到几秒内完成对万亿张表的聚合查询，系统可以扩展到成千上万的 CPU 上，满足谷歌上万名用户操作 PB 数量级数据的需求，并且可以在 2～3 秒内完成 PB 数量级数据的查询。

4) 价值密度低

大数据虽然看起来很美，但是价值密度却远远低于传统关系型数据库中已经存在的数据。在大数据时代，很多有价值的信息都分散在海量数据中。以小区监控视频为例，如果没有意外事件发生，连续不断产生的数据是没有任何价值的；而当小区发生偷盗等意外情况时，也只有记录了事件过程的那一小段视频是有价值的。但是，为了能够获得发生偷盗等意外情况时的那一段宝贵视频，企业需要投入大量资金购买监控设备、网络设备和存储设备，耗费大量的电能和存储空间保存摄像头连续不断传来的监控数据。如果这个实例不够典型的话，那么我们可以想象另一个更大的场景：假设一个电子商务网站希望通过微博数据进行有针对性的营销，为了实现这个目的，就必须搭建一个能够存储和分析微博数据的大数据平台，使之能够根据用户的微博内容进行有针对性的商品需求趋势预测。愿景很美好，但现实代价很大，搭建这样一个大数据平台可能需要耗费几百万元，而最终给企业带来的销售利润的增加额可能会比投入低很多，所以说，大数据的价值密度是低的。

6.1.3　大数据的影响

大数据对科学研究、思维方式和社会发展具有重要而深远的影响。在科学研究方面，大数据使得人类科学研究在经历了实验、理论和计算三种范式后迎来了第四种范式——数据；在思维方式方面，大数据具有"全样而非抽样、效率而非精确、相关而非因果"三大特征，完全颠覆了传统的思维方式；在社会发展方面，大数据决策逐渐成为一种新的决策方式，大数据应用有力地促进了信息技术与各行各业的深度融合，大数据开发极大地推动了新技术和新应用的不断涌现；在就业市场方面，大数据的发展使得数据科学家成为热门人才；在人才培养方面，大数据的兴起将在很大程度上改变我国高校信息技术相关专业的现有教学和科研体制。

1. 大数据对科学研究的影响

图灵奖获得者、著名数据库专家吉姆·格雷(Jim Gray)博士观察并总结到，人类自古以来在科学研究上先后历经了实验、理论、计算和数据四种范式(见图 6-6)。

第一种范式：实验

在最初的科学研究阶段，人类采用实验来解决一些科学问题，著名的比萨斜塔实验就是一个典型实例。1590 年，伽利略在比萨斜塔上做了"自由落体实验"，得出了重量不同的两个铁球同时下落的结论，从此推翻了亚里士多德的"物体下落速度和重量成比例"的学说，纠正了这个持续了 1900 年之久的错误结论。

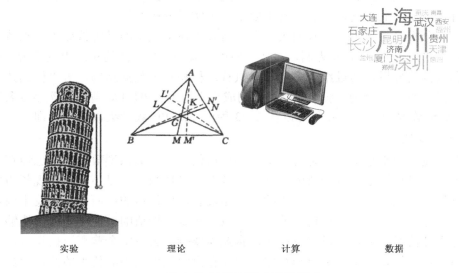

実验　　　　　　　理论　　　　　　　计算　　　　　　　数据

图 6-6　科学研究的四种范式

第二种范式：理论

实验科学研究会受到当时实验条件的限制，难以对自然现象得出更精确的理解。随着科学的进步，人类开始采用各种代数、几何和物理理论等，构建问题模型和解决方案。比如，牛顿第一定律、牛顿第二定律和牛顿第三定律构成了牛顿力学的完整体系，奠定了经典力学的基础，它的广泛传播和运用对人们的生活和思想产生了重大影响，在很大程度上推动了人类社会的发展与进步。

第三种范式：计算

随着 1946 年人类历史上第一台计算机 ENIAC 的诞生，人类社会开始步入计算机时代，科学研究也进入了一个以"计算"为中心的全新时期。在实际应用中，计算科学主要用于对各个科学问题进行计算机模拟和其他形式的计算。通过设计算法并编写相应程序输入计算机运行，人类可以借助计算机的高速运算能力解决各种问题。计算机具有存储容量大、运算速度快、精度高和可重复执行等特点，是科学研究的利器，推动了人类社会的飞速发展。

第四种范式：数据

随着数据的不断积累，其宝贵价值日益得到体现，物联网和云计算的出现，更是促成了对事物发展从量变到质变的转变的研究，使人类社会开启了全新的大数据时代。计算机不仅仅能做模拟仿真，还能进行分析总结，得到理论。在大数据时代，一切将以数据为中心，从数据中发现问题、解决问题，真正体现数据思维的价值。大数据将成为科学工作者的保障，从数据中可以挖掘未知模式和有价值的信息，服务于人类生产和生活，推动科技创新和社会进步。虽然第三种范式和第四种范式都是利用计算机来进行计算的，但是二者还是有本质的区别。在第三种研究范式中，一般是先提出可能的理论，再搜集数据，然后通过计算来验证。而对于第四种研究范式，则是先有了大量的已知数据，然后通过计算得出之前未知的理论。

2. 大数据对思维方式的影响

维克托·迈克·舍恩伯格在《大数据时代：生活、工作与思维的大变革》一书中明确指出，大数据时代最大的转变就是思维方式的三种转变：全样而非抽样、效率而非精确、相关而非因果。

1) 全样而非抽样

过去，由于数据存储和处理能力的限制，在科学分析中通常采用抽样的方法，即从全集数据中抽取一部分样本数据，通过对样本数据的分析来推断全集数据的总体特征。通常，样本数据规模要比全集数据小很多，因此，可以在可控的代价内实现数据分析的目的。现在，我们已经迎来大数据时代，大数据技术的核心就是海量数据的存储和处理，分布式文件系统和分布式数据库技术理论上提供了几乎无限的数据存储能力，分布式并行编程框架 MapReduce 提供了强大的海量数据并行处理能力。因此，有了大数据技术的支持，科学分析完全可以直接针对全集数据而非抽样数据，并且可以在短时间内迅速得到分析结果。例如谷歌公司的 Dremel 可以在 2～3 秒内完成 PB 级别数据的查询分析。

2) 效率而非精确

过去，在科学分析中采用抽样分析方法，追求分析方法的精确性，因为抽样分析只是针对部分样本的分析，其分析结果被应用到全集数据以后，误差会被放大，这就意味着抽样分析的微小误差被应用到全集数据以后，可能会变成一个很大的误差。因此，为了保证误差在被放大后仍然处于可以接受的范围，就必须要确保抽样分析结果的精确性。正是由于这个原因，传统的数据分析方法往往更加注重提高算法的精确性，其次才是提高算法效率。现在，大数据时代采用全样而非抽样分析，全样分析结果不存在误差被放大的问题。因此，追求高精确性已经不是其首要目标。相反，大数据时代具有秒级响应的特征，要求在几秒内就迅速给出针对海量数据的实时分析结果，否则数据就会丧失价值，因此，数据分析的效率便成为关注的核心。

3) 相关而非因果

过去，数据分析的目的一方面是解释事物背后的发展机理，比如，一个大型超市在某个地区的连锁店在某个时期内净利润下降很多，这就需要网络部门对相关销售数据进行详细分析并找出原因；另一方面是用于预测未来可能发生的事件，比如，通过实时分析微博数据，当发现用户对雾霾的讨论明显增加时，就可以建议销售部门增加口罩的进货量，因为人们关注雾霾的一个直接结果是，大家会想到购买一个口罩来保护自己的身体健康。不管是哪个目的，其实都反映了一种"因果关系"。但是，在大数据时代，因果关系不再那么重要，人们转而追求"相关性"而非"因果性"。比如，在淘宝网购物时，当用户购买一个汽车防盗锁以后，还会收到"与你购买相同物品的其他客户还购买了汽车坐垫"的自动提示，淘宝网只告诉"购买汽车防盗锁"和"购买汽车坐垫"之间存在相关性，但并没有告诉其他客户为什么购买了汽车防盗锁以后还会购买汽车坐垫。

3. 大数据对社会发展的影响

大数据将会对社会发展产生深远的影响，主要体现在以下三个方面。

1) 大数据决策成为一种新的决策方式

根据数据制定决策，并非大数据时代所特有。从 20 世纪 90 年代开始，数据仓库和商务智能工具就开始大量用于企业决策。发展到今天，数据仓库已经是一个集成的信息存储仓库，既具备批量和周期性的数据加载能力，也具备数据变化的实时探测、传播和加载能力，并能结合历史数据和实时数据实现查询分析和自动规则触发，从而提供对战略决策(如宏观决策和长远规划等)和战术决策(如实时销售和个性化服务等)的双重支持。但是，数据仓库以关系数据库为基础，在无论是数据类型还是数据量方面都存在较大的限制。现在，大数据决策可以面向类型繁多的、非结构化的海量数据进行决策分析，已经成为一种全新决策方式，深受大众追捧。例如政府部门可以把大数据技术融入"舆情分析"，通过对论坛、微博、微信、社区等多种来源数据进行综合分析，弄清或测验信息中本质性的事实和趋势，揭示信息中含有的隐性内容，对事物发展作出预测，协助实现政府决策，以有效应对各种突发事件。

2) 大数据应用促进信息技术与各行业深度融合

大数据将会在未来 10 年改变大部分行业的业务功能。在互联网、银行、保险、交通、材料、能源和服务等行业领域，不断积累的大数据将加速推进这些行业与信息技术的深度融合，开拓行业发展的新方向。例如，大数据可以帮助快递公司选择运费成本最低的最佳行车路径；协助投资者选择收益最大化的股票投资组合；辅助零售商有效定位目标客户群体；帮助互联网公司实现广告精准投放，还可以让电力公司做好配送电计划、确保电网安全等。总之，大数据所触及的社会生产和生活的各个角落，都将会发生巨大而深刻的变化。

3) 大数据开发推动新技术和新应用的不断涌现

大数据的应用需求是大数据新技术开发的源泉。在各种应用需求的强烈驱动下，各种突破性的大数据技术将被不断提出并得到广泛应用，数据的能量也将不断得到释放。在不远的将来，原来那些依靠人类自身判断力的领域应用，将逐渐被各种基于大数据的应用所取代。例如，今天的汽车保险公司只能借助少量车主信息，对客户进行简单类别划分，并根据客户汽车的出险次数给予相应的保费优惠方案，客户选择哪一家保险公司并没有很大差别。但随着"汽车大数据"的出现，将会深刻改变汽车保险的商业模式。商业保险公司能够获取客户车辆的相关细节信息，利用事先构建的数学模型对客户等级进行细致判定，给予客户更加个性化的"一对一"优惠方案，这样保险公司将具备明显的市场竞争优势。

6.1.4　大数据技术

大数据不仅仅指数据本身，而是指数据和大数据技术两者的结合。所谓大数据技术，是指采集、存储、分析和应用大数据的相关技术，是一系列使用非传统工具对大量的结构化、半结构化和非结构化数据进行处理，达到获得分析和预测结果的一系列数据的处理和分析技术。

大数据的基本处理流程主要包括数据采集、存储、分析和结果呈现等环节。数据无处不在，互联网网站、政务系统、零售系统、办公系统、自动化生产系统、监控摄像头和传感器等每时每刻都在不断地产生数据。这些分散在各处的数据需要使用相应的设备和软件进行采集。采集到的数据一般无法直接用于后续的数据分析，主要是因为来源众多、类型多样的数据存在数据缺失和语义模糊等问题，所以必须采取相应的措施来有效解决这些问题，这就需要一个"数据预处理"的过程，把数据变成一个可用状态。数据经过预处理后，将被放在文件系统或数据库系统中存储和管理，然后采用数据挖掘工具对数据进行处理分析，最后采用可视化工具为用户呈现结果。在整个数据处理过程中，还必须注意隐私保护和数据安全等问题。

从数据分析全流程这一角度考虑，大数据技术主要包括数据采集与预处理、数据存储和管理、数据处理与分析、数据安全和隐私保护等内容(见表 6-4)。

表 6-4　大数据技术的不同层面及其功能

技术层面	功　能
数据采集与预处理	利用 ETL 工具将分布的、异构数据源中的数据，如关系数据和平面数据文件等，抽取到临时中间层后进行清洗、转换和集成，最后加载到数据仓库的数据集市中，成为联机分析处理与数据挖掘的基础；也可以利用数据采集日志(如 Flume、Kafka 等)把实时采集的数据作为流计算系统的输入，进行实时处理与分析
数据存储和管理	利用分布式系统、数据仓库、关系数据库、NoSQL 数据库、云数据库等，实现对结构化、半结构化和非结构化海量数据的存储和管理
数据处理与分析	利用分布式并行编程模型和计算框架，结合机器学习和数据挖掘算法，实现对海量数据的处理和分析；对分析结果进行可视化呈现，帮助用户更好地理解数据和分析数据
数据安全和隐私保护	从大数据中挖掘潜在的巨大商业价值和学术价值，构建隐私数据保护体系和数据安全体系，有效保护用户个人隐私和数据安全

大数据技术是许多技术的一个集合体，这些技术并非全部都是新生事物，诸如关系数据库、数据仓库、数据采集、ETL、OLAP、数据挖掘、数据隐私和安全、数据可视化等技术都是已经发展多年的技术，在大数据时代得到不断补充、完善和提高后又有了新的升华，也可以认为是大数据技术的一个组成部分。

6.1.5　大数据计算模式

大数据计算模式包含批处理计算、流计算、图计算和查询分析计算等多种计算模式(见表 6-5)。

表 6-5　大数据计算模式

大数据计算模式	解决问题	代表产品
批处理计算	针对大规模数据进行批量处理	MapReduce、Spark 等
流计算	针对流数据进行实时计算	Storm、S4、Flume、Puma、DStream、SuperMario、银河流数据处理平台等
图计算	针对大规模图结构数据进行处理	Pregel、GraphX、Giraph、Hama、PowerGraph、GoldenOrb 等
查询分析计算	对大规模数据的存储管理和查询分析	Dremel、Hive、Cassandra、Impala 等

1. 批处理计算

批处理计算主要解决对大规模数据的批量处理，也是日常数据分析工作中最常见的一种数据处理需求。

MapReduce 是最具有代表性和影响力的大数据处理技术，可以并行执行大规模数据处理任务，用于大规模数据集(大于 1TB)的并行计算。MapReduce 极大地方便了分布式编程工作，将复杂的、运行于大规模集群上的并行计算过程高度抽象到了两个函数——Map 和 Reduce 上，即使编程人员不会分布式并行编程，也可以很容易地将自己的程序运行在分布式系统上，完成对海量数据集的计算。

Spark 是针对超大数据集合的低延迟的集群分布式计算系统，比 MapReduce 的计算速度快很多。Spark 启用了内存分布数据集，除了能够提供交互式查询外，还可以优化迭代工作负载。在 MapReduce 中，数据流是从一个稳定的来源进行一系列加工处理后流出到一个 HDFS(Hadoop Distributed File System，分布式文件系统)。Spark 则使用内存替代 HDFS 或本地磁盘来存储中间结果，因此 Spark 要比 MapReduce 的计算速度快很多。

2. 流计算

流数据是大数据分析中重要的数据类型。流数据(或数据流)是指在时间分布和数量上无限的一系列动态数据集合体，数据的价值随着时间的流逝而降低，因此必须采用实时计算的方式给出秒级响应。流计算可以实时处理来自不同数据源的、连续到达的流数据，经过实时分析处理，给出有价值的分析结果。目前业内已涌现出许多的流计算框架与平台，第一类是商业级的流计算平台，包括 IBM StreamBase 等；第二类是开源流计算框架，包括 Twitter Storm、Yahoo!S4 和 Spark Streaming 等；第三类是公司为支持自身业务开发的流计算框架，如 Facebook 使用 Puma 和 HBase 来处理实时数据；百度开发了通用实时流数据计算系统——DStream；淘宝开发了通用数据流实时计算系统——银河流数据处理平台。

3. 图计算

在大数据时代，许多大数据都是以大规模图或网络的形式呈现的，例如社交网络、传染病传播途径、交通事故对路网的影响等，此外，许多非图结构的大数据也常常会被转换为图模型后再进行处理分析。MapReduce 作为单输入、两阶段和粗粒度数据的并行分布式计算框架，在表达多迭代、稀疏结构和稀粒度数据时会显得力不从心，不适合用来解决大规模图计算问题。因此，针对大型图的计算，需要采用图计算模式，目前已经出现了不少相关图计算产品。Pregel 是一种基于 BSP 模型实现的并行图处理系统。为了解决大型图的分布式计算问题，Pregel 搭建了一套可扩展的、有容错机制的平台，该平台提供了一套非常灵活的 API，可以描述各种各样的图计算。Pregel 主要用于图遍历、最短路径、PageRank 计算等。其他代表性的图计算产品还包括 Facebook 针对 Pregel 的开源，实现 Giraph、Spark 下的 GraphX、图数据处理系统 PowerGraph 等。

4. 查询分析计算

针对超大规模数据的存储管理和查询分析，需要提供实时或准实时的响应，才可以很好地满足企业经营管理的需求。谷歌公司开发的 Dremel 是一种可扩展的、交互式的实时查询系统，用于对只读嵌套数据的分析，通过结合多级树状执行过程和列式数据结构，能做到几秒内完成对万亿张表的聚合查询，系统可以扩展到成千上万的 CPU 上，满足谷歌上万用户操作 PB 级的数据，并且可以在 2～3 秒内完成 PB 级别数据的查询。此外，Cloudera 公司参考 Dremal 系统开发了实时查询引擎 Impala，它提供 SQL 语义，能快速查询存储在 Hadoop 的 HDFS 和 HBase 中的 PB 级大数据。

6.1.6　大数据在互联网领域的应用

随着大数据时代的到来，网络信息飞速增长，用户面临着信息过载的问题。虽然用户可以通过搜索引擎查找自己感兴趣的信息，但是在用户没有明确需求的情况下，搜索引擎也难以帮助用户有效地筛选信息。为了让用户从海量信息中高效地获得自己需要的信息，推荐系统应运而生。推荐系统是大数据在互联网领域的典型应用，它可以通过分析用户的历史记录来了解用户的喜好，从而向用户推荐其感兴趣的信息，以满足用户个性化推荐要求。

1. 推荐系统

伴随着互联网的快速发展，网络信息的飞速膨胀让人们逐渐从信息匮乏的时代进入到信息过载的时代。借助搜索引擎，用户能够从海量信息中筛选出自己需要的信息，但是通过搜索引擎查找信息，用户首先必须要有明确的需求，然后将该需求转化为关键词进行搜索。当用户需求非常明确时，搜索引擎的结果能够较好地满足用户需求。例如，用户需要从互联网下载一首由刘欢演唱的、名为《千万次的问》的歌曲，可以在百度音乐搜索栏中输入"千万次的问"，然后就能够找到该歌曲的下载地址。当用户需求不明确时，没有办法向搜索引擎提交明确的搜索关键词，搜索引擎也就难以帮助用户从海量信息中筛选自己需要的内容。例如，用户想听一首自己从来没有听过的流行歌曲，由于无法向搜索引擎提供明确的演唱者及歌名，搜索引擎自然不能为用户查找其喜爱的歌曲，面对互联网中大量的当前流行歌曲，用户会显得茫然无措。

与搜索引擎相比，推荐系统是自动联系用户和物品的一种工具，它通过分析用户的历史数据来了解用户的需求和兴趣，然后将用户感兴趣的信息、物品等主动推荐给用户，帮助用户从海量信息中挖掘自己潜在的需求。我们生活中接触的"抖音""淘宝""拼多多"等在很大程度上都应用了推荐系统。

2. 长尾理论

从推荐效果的角度看，热门推荐是常用的一种推荐方式，能取得不俗的推荐效果，这也是为何在各类网站中都能看见热门排行榜的原因。但是热门推荐的主要缺陷在于推荐的范围有限，所推荐的内容在一定时期内也相对固定，无法为用户提供新颖的、有吸引力的推荐结果，难以满足用户的个性化需求。

从商品的角度考虑，推荐系统要比热门推荐更加有效，推荐系统可以更好地发掘"长尾商品"。美国《连线》杂志主编克里斯·安德森(Chris Anderson)于 2004 年提出了"长尾"的概念，用来描述以亚马逊为代表的电子商务网站的商业和经济模式。电子商务网站相比于传统零售店，所销售的商品种类繁多，虽然绝大多数商品都不是热门商品，但是这些商品的总数量极其庞大，所累计的总销售额也许会超过热门商品的总销售额。热门商品往往代表了消费者的普遍需求，而长尾商品则代表了消费者的个性化需求。因此，发掘长尾商品可提高销售额，但前提是商家需要充分地研究消费者的需求，这也是推荐系统的任务。推荐系统通过发掘消费者的行为记录，找到消费者的个性化需求，发现消费者潜在的消费倾向，将长尾商品准确推荐给需要的消费者，从而帮助消费者发现那些他们感兴趣但却很难发现的商品，最终实现消费者和商家的双赢。

3. 推荐方法

推荐系统的本质是建立用户与物品的联系，根据推荐算法的不同，推荐方法包括如下五类。

1) 专家推荐

专家推荐是传统的推荐方式，本质上是一种人工推荐，由资深的专业人士对物品进行筛选和推荐，需要较多的人力成本。现在，专家推荐结果主要是作为对其他推荐算法结果的补充。

2) 基于统计信息的推荐

基于统计信息的推荐(如热门推荐)，概念直观，易于实现，但是其对用户个性化偏好的描述能力较弱。

3) 基于内容的推荐

基于内容的推荐是信息过滤技术的延伸与发展，更多的是通过机器学习的方法描述内容的特征，并基于内容的特征发现与之相似的内容。

4) 协同过滤推荐

协同过滤推荐是推荐系统中应用最早和最成功的技术之一。它一般采用最近邻技术，利用用户的历史信息计算用户之间的距离，然后利用目标用户的最近邻用户对商品的评价信息来预测目标用户对特定商品的喜好程度，最后根据这一喜好程度对目标用户进行推荐。

5) 混合推荐

在实际应用中，单一的推荐算法往往无法取得良好的推荐效果，因此多数推荐系统会对多种推荐方法进行有机组合，如在协同过滤推荐的基础上加入基于内容的推荐。

基于内容的推荐与协同过滤推荐有相似之处，但是基于内容的推荐关注的是物品本身的特征，通过物品自身的特征来找到相似的物品，而协同过滤推荐则依赖用户与物品间的联系，与物品自身特征没有太多关系。

4. 推荐系统模型

推荐系统模型基本框架如图 6-7 所示，一个完整的推荐系统模型通常包括三个组成模块：用户建模模块、推荐对象建模模块和推荐算法模块。推荐系统首先对用户进行建模，根据用户行为数据和用户属性数据来分析用户的兴趣和需求，同时对推荐对象进行建模；然后，基于用户特征和物品特征，采取推荐算法计算得到用户可能感兴趣的对象，最后根据推荐场景对推荐结果进行一定的过滤和调整，最终将推荐结果展示给用户。

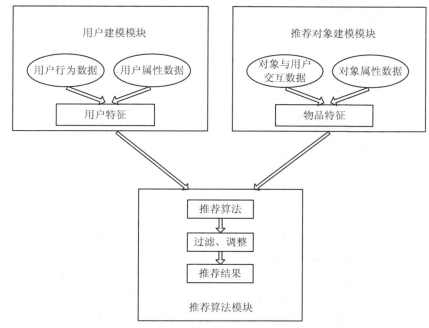

图 6-7　推荐系统模型基本框架

推荐系统通常需要处理庞大的数据量，既要考虑推荐的准确度，也要考虑计算推荐结果所需的事件，因此推荐系统一般可再细分成离线计算部分和实时计算部分。离线计算部分对于数据量、算法复杂度、事件限制均较少，可得出较高准确度的推荐结果。而实时计算部分则要求能快速响应推荐请求，能容忍较低的推荐准确度。通过将实时推荐结果和离线推荐结果相结合的方式，能为用户提供高质量的推荐结果。

6.2　云　计　算

大数据的真实价值就像漂浮在海洋中的冰山，人们第一眼只能看到冰山的一角，而绝大部分价值都隐藏在表面之下。发掘数据和征服数据海洋的"动力"是云计算。

6.2.1　云计算简介

1. 云计算的概念

云计算(Cloud Computing)以虚拟化技术为核心，虚拟化技术将共享的硬件资源和软件资源抽象成一个统一的"资源池"，通过互联网载体，向用户提供所需的资源，其特点在于多用户共享、大数据处理与大数据存储。云计算严格来说并不是一种真正意义上的新技术，而是并行计算(Parallel Computing，PC)等计算模式的进一步演进。由于云计算的主要标准和方案是由企业推进的，也可以说云计算是分布式计算模型的商业实现。

2. 云计算的部署模式

根据云计算服务对象范围的不同，云计算有四种部署模式(如图 6-8 所示)：私有云、社区云、公有云和混合云。

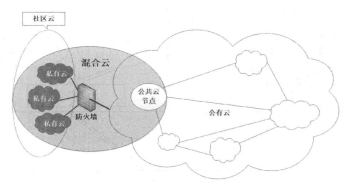

图 6-8　云计算的四种部署模式

私有云(Private Cloud)：云计算出现之前，对于数据密集型或计算密集型任务，用户需要建立数据中心来提供服务，以满足其对数据存储、计算和通信能力的要求。用户须对数据中心进行运维和安全管理，对服务器上的数据和应用具有所有权和控制权。云计算出现后，这种传统的用户/服务提供者模式逐渐发展成私有云模式。私有云是由一个用户组织(例如政府、军队或企业)建立并运维的云计算平台，专供组织内部人员使用，不提供对外服务。私有云能够体现云计算的部分优势，例如对计算资源的统一管理和动态分配。但是，私有云仍要求组织购买基础设施，建立大型数据中心，投入人力、物力来维护数据中心的正常运转，由此可见，私有云系统提高了组织的 IT 成本，从而导致云的规模受到限制。由于私有云的开放性不高，安全威胁相对较少。

社区云(Community Cloud)：也称为机构云，云基础设施由多个组织共同提供，平台由多个组织共同管理。社区云被一些组织共享，为一个有共同关注点(例如任务、安全需求、策略或政策准则等)的社区或大机构提供服务。社区云的规模要大于私有云，多个私有云可通过 VPN 连接到一起组成社区云，以满足多个私有云组织之间整合和安全共享的需求。

公有云(Public Cloud)：公有云的基础设施是由一个提供云计算服务的大型运营组织建立和运维的，该运营组织一般是拥有大量计算资源的 IT 巨头，例如谷歌、微软、亚马逊、百度等大型公司。这些 IT 公司将云计算服务以"按需购买"的方式销售给一般用户或中小企业群体，用户只需将请求提交给云计算系统，付费租用所需的资源和服务。对用户来说，不需要再投入成本建立数据中心，不需要进行系统的维护，可以专心开发其核心的应用服务。目前，EC2、Google App Engine、Microsoft Azure 和百度云等都属于公有云计算系统。由于公有云的开放性较高，而用户又失去了对数据和计算的控制权，因此，与私有云相比，公有云的数据安全威胁更为突出。

混合云(Hybrid Cloud)：混合云的基础设施是由两种或两种以上的云(私有云、社区云或公有云)组成，每种云仍然保持独立，但用标准的或专用的技术将它们组合起来，具有数据和应用程序的可移植性，例如混合云可以在云之间通过负载均衡技术应付突发负载。由于混合云可以是私有云和公有云的组合，某些用户选择将敏感数据的存储和计算外包到私有云，而将非敏感数据的存储和计算外包到公有云中，不过，这种使用模式难以保证存储和计算服务在不同云之间的安全。

3. 云计算的服务模式

计算就要有计算环境，一般计算环境包含硬件层、资源组合调度层(即操作系统层)和计算任务的应用业务软件层三个层面。云计算与一般计算环境的三个层面相似，云计算提供三种服务模式，分别是：基础设施即服务 (Infrastructure as a Service，IaaS)、平台即服务(Platform as a Service，PaaS)以及软件即服务 (Software as a Service，SaaS)。

云安全联盟(Cloud Security Alliance，简称 CSA)给出了云计算平台的体系结构，涵盖了上述三种服务模式(如图 6-9 所示)。

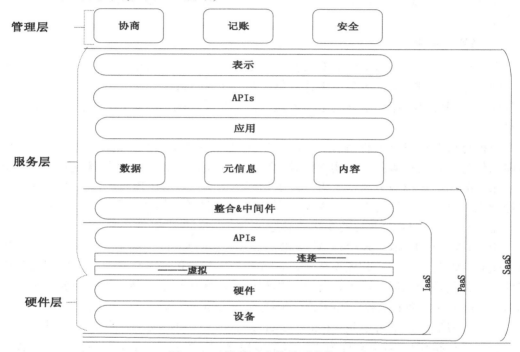

图 6-9 云计算平台的体系结构

IaaS 将计算、存储和通信资源封装为服务提供给用户，用户相当于使用裸机，能够部署和运行任意软件。IaaS 提供计算资源最常用的方式是虚拟机，典型服务有 Amazon 的 EC2 等。IaaS 提供存储资源的服务能够为用户提供海量数据存储和访问服务，这种存储服务也被单独称为数据即服务(Data as a Service，DaaS)。提供存储资源的典型服务有 Amazon 的 S3，Google 的 GFS 等。IaaS 可以提供高速网络和通信服务，这种服务也被称为通信即服务(Communication as a Service，CaaS)，提供网络和通信资源的典型服务有 OpenFlow。

PaaS 是在基础设施与应用之间的重要一层，PaaS 将基础设施资源进行整合，为用户提供基于互联网的应用开发环境，包括应用编程接口和运行平台等，方便了应用与基础设施之间的交互。典型的 PaaS 平台有谷歌公司的 MapReduce 框架，应用执行环境 Google App Engine，微软公司的 Microsoft Azure。

SaaS 即云应用软件，为用户提供直接为其所用的软件。SaaS 一般面向终端用户，特别是"瘦终端"。终端用户利用 Web 浏览器，通过网络就可以获得所需的或定制的云应用服务。终端用户不具有对网络、操作系统和存储等底层云基础设施的控制权，也不能控制应用的执行过程，只拥有非常有限的与应用相关的配置能力。SaaS 使用户以最小的开发和管理开销获得定制的应用。典型的 SaaS 服务有 Salesforce 公司的 CRM 系统，Google Docs 等。

6.2.2　云计算的关键技术

云计算的关键技术包括虚拟化技术、分布式存储技术、分布式计算技术、多租户技术四种。

1. 虚拟化技术

虚拟化技术是云计算基础框架的基石，是指将一台计算机虚拟为多台逻辑计算机，在一台计算机上同时运行多台逻辑计算机，每台逻辑计算机可运行不同的操作系统，并且各应用程序可以在相互独立的空间内运行而不相互影响，能够显著提高计算机的工作效率。

虚拟化资源可以是硬件资源(如服务器、磁盘和网络)，也可以是软件资源。以服务器虚拟化为例，它将服务器的物理资源抽象成逻辑资源，让一台服务器变成几台甚至上百台相互隔离的虚拟服务器，不再局限于物理上的界限，让 CPU、内存、磁盘和 I/O 等硬件变成可以动态管理的"资源池"，以达到提高资源的利用率、简化系统的管理、实现服务器的整合，让 IT 对业务的变化更具适应力。

Hyper-V、VMware、KVM、Virtualbox、Xen 和 Qemu 等都是非常典型的虚拟化技术。Hyper-V 是微软的一款虚拟化产品，旨在为用户提供成本效益更高的虚拟化基础设施软件，为用户降低运行成本，提高一年利用率，优化基础设施，提高服务器可用性。VMware 是全球桌面到数据中心虚拟化解决方案的领导厂家。

近年来发展起来的容器技术(如 Docker)是不同于 VMware 等传统虚拟化技术的一种新型轻量级虚拟化技术(也被称为"容器型虚拟化技术")，Docker 具有启动速度快、资源利用率高和性能损失小等优点，深受业界青睐，得到越来越广泛的应用。

2. 分布式存储技术

面对"数据爆炸"的时代，集中式存储技术已经无法满足海量数据的存储要求，分布式存储应运而生。GFS(Google File System)是谷歌公司推出的一款分布式文件系统，可以满足大型、分布式、对大量数据进行访问的应用需求。GFS 具有很好的硬件容错性，可以把数据存储到成百上千台服务器上，并在硬件出错的情况下尽量保证数据的完整性。GFS 还支持 GB 或 TB 级别超大文件的存储，一个大文件被分成许多块，分散存储在由数百台机器组成的集群里。HDFS 是对 GFS 的开源实现，它采用了更加简单的"一次写入、多次读取"文件模型，文件一旦被创建、写入并关闭后，只能对其执行读取操作，且不能执行任何修改操作；同时，HDFS 是基于 Java 实现的，具有强大的跨平台兼容性，只要是 JDK 支持的平台都可以兼容。

谷歌公司后来又以 GFS 为基础开发了分布式数据管理系统——Big Table，它是一个稀疏、分布和持续多维度的排序映射数组，适合非结构化数据存储的数据库，具有高可靠性、高性能和可伸缩等特点，可在廉价 PC 服务器上搭建起大规模存储集群。HBase

是针对 Big Table 的开源实现。

3. 分布式计算技术

面对海量数据，传统的单指令单数据流顺序执行方式已经无法满足快速数据处理的需求；同时，用户也不能寄希望于通过提升硬件性能来满足这种需求，因为晶体管电路已经逐渐接近其物理的性能极限，摩尔定律已经慢慢失效，CPU 处理能力再也不会每隔 18 个月翻一番。在这样的背景下，谷歌公司提出了并行编程模型 MapReduce，让任何人都可以在短时间内迅速获得海量计算能力，允许开发者在不具备并行开发经验的前提下也能够开发出分布式的并行程序，并让其同时运行在数百台机器上，在短时间内完成对海量数据的计算。MapReduce 将复杂的、运行于大规模集群上的并行计算过程抽象为两个函数——Map 和 Reduce，并把一个大数据集分成多个小数据集，分布在不同的机器上进行并行处理，极大地提高了数据处理速度，可以有效地满足许多应用对海量数据的批量处理要求。Hadoop 开源实现了 MapReduce 编程框架，被广泛应用于分布式计算技术。

4. 多租户技术

多租户技术的目的在于使大量数据能够共享同一堆栈的软硬件资源，每个用户按需使用资源，能够对软件资源服务进行客户化配置，而不影响其他用户使用。多租户技术的核心包括数据隔离、客户化配置、架构扩展和性能定制。

6.2.3　云计算数据中心

云计算数据中心为一整套复杂的设施，包括网络系统、安全系统、主机存储系统、云管平台和应用支撑系统等。数据中心是云计算的重要载体，为云计算提供计算、存储和带宽等各种硬件资源，为各种平台和应用提供运行支撑环境。

谷歌、微软、IBM、惠普、戴尔等国际 IT 巨头纷纷投入巨资在全球范围内大量修建数据中心，旨在掌握云计算发展的主导权。我国政府和企业也在加大力度建设云计算数据中心。福建省泉州市安溪县的中国国际信息技术(福建)产业园的数据中心，是福建省重点建设的两大数据中心之一，由惠普公司承建，拥有 5000 台刀片服务器，是亚洲规模最大的云渲染平台。阿里巴巴集团公司在甘肃玉门建设的数据中心，是我国第一个绿色环保的数据中心，电力全部来自风力发电，用祁连山融化的雪水冷却数据中心产生的热量。贵州被认为是我国南方最适合建设数据中心的地方，目前，中国移动、中国联通和中国电信三大运营商都将南方数据中心建在贵州。2015 年，整个贵州省的服务器规模为 20 余万台，未来规划建设服务器 200 万台规模。

6.2.4　云计算的应用

云计算在电子政务、医疗、卫生、教育和企业等领域的应用不断深化，对提高政府的服务水平、促进产业转型升级和培育发展新兴产业等都起到关键作用。政务云上可以部署公共安全管理、容灾备份、城市管理、应急管理、智慧交通和社会保障等应用，通过集约化建设、管理和运行，可以实现信息资源整合和政务资源共享，推动政务管理创新，加快向服务型政府转型。教育云可以有效整合幼儿教育、中小学教育、高等教育以及继续教育等优质教育资源，逐步实现教育信息共享、教育资源共享以及教育资源深度挖掘等目标。中小企业云能够让企业以低廉的成本建立财务、供应链和客户关系等管理应用系统，大大降低企业信息化门槛，能够迅速提升企业的信息化水平，增强企业的市场竞争力。医疗云可以推动医院与医院、医院与社区、医院与急救中心、医院与家庭之间的服务共享，并形成一套全新的医疗健康服务系统，从而有效地提高医疗保健的质量。

6.3　大数据与云计算、物联网的关系

大数据、云计算和物联网代表 IT 领域最新的技术发展趋势，三者之间既有区别又有联系。云计算最初主要包含了两类含义：一类是以谷歌的 GFS 和 MapReduce 为代表的大规模分布式并行计算技术；另一类是以亚马逊的虚拟机和对象存储为代表的"按需租用"的商业模式。但是，随着大数据概念的提出，云计算中的分布式计算机技术开始更多地被列入大数据技术，而人们提到云计算时，更多的是指对底层基础 IT 资源的整合优化以及以服务的方式提供 IT 资源的商业模式(如 IaaS、PaaS 和 SaaS 等)。从云计算和大数据概念的诞生到现在，二者之间的关系非常微妙，既密不可分，又千差万别。因此，我们不能把云计算和大数据割裂开来作为截然不同的两类技术来看待。此外，物联网也是和云计算、大数据相伴相生的技术。大数据与云计算、物联网的关系如下(见图 6-10)。

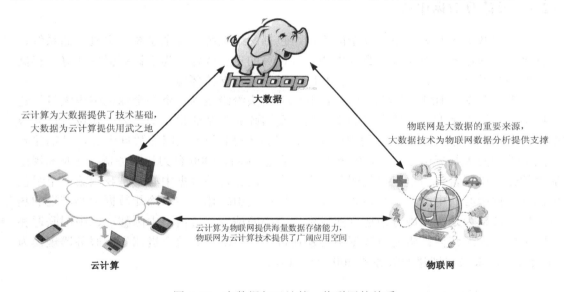

图 6-10　大数据与云计算、物联网的关系

(1) 大数据、云计算和物联网的区别。大数据侧重于对海量数据的存储、处理和分析，从海量数据中发现价值并服务于生产和生活；云计算旨在整合和优化各种 IT 资源，并通过网络以服务的方式廉价地提供给用户；物联网的发展目标是实现物物互联，应用创新是物联网发展的核心。

(2) 大数据、云计算和物联网的联系。从整体上看，大数据、云计算和物联网这三者是相辅相成的。大数据根植于云计算，大数据分析的很多技术都来自云计算，云计算

的分布式数据存储和管理系统(包括分布式文件系统和分布式数据库系统)提供了海量数据的存储和管理能力,分布式并行处理框架 MapReduce 提供了海量数据的分析能力,没有这些云计算技术作为支撑,大数据分析就无从谈起。反之,大数据为云计算提供了"用武之地",没有大数据这个"练兵场",云计算技术再先进,也不能发挥它的应用价值。物联网的传感器源源不断产生的大量数据,构成了大数据的重要数据来源,没有物联网的飞速发展,就不会带来数据产生方式的变革,即由人工产生阶段转向自动产生阶段,大数据时代也不会这么快到来。同时,物联网需要借助于云计算和大数据技术,实现对物联网大数据的存储、分析和处理。

可以说,云计算、大数据和物联网三者之间彼此渗透、相互融合,在很多应用场合都可以同时看到三者的身影。在未来,三者会继续相互促进、相互影响,更好地服务于社会生产和生活的各个领域。

本 章 习 题

1. 简述信息技术发展史上的三次信息化浪潮和标志及其所解决的问题。
2. 简述数据产生方式经历的几个阶段。
3. 简述大数据的技术及计算模式。
4. 简述推荐系统的体系结构。
5. 简述大数据与云计算、物联网的关系。
6. 什么是大数据及大数据的"4V"特性?
7. 云计算的关键技术有哪些?
8. 什么是云计算? 云计算的部署模式和服务模式有哪些?
9. 查阅相关文献资料,简述大数据与云计算技术在新型冠状病毒肺炎疫情阻击战中的应用有哪些?
10. 查阅相关资料,简述我们身边哪些领域会涉及大数据与云计算应用,都会用到大数据和云计算的哪些技术?

第7章　区　块　链

 本章概述

　　区块链技术最早应用于比特币项目中，作为比特币背后的分布式记账平台，在无集中式管理的情况下，比特币网络稳定运行了八年，支持了海量的交易记录，并且从未出现过严重的漏洞。目前，区块链技术自身仍然在飞速发展，相关规范和标准还在进一步成熟和完善中。本章主要介绍区块链的概念、区块链关键技术及其特性，以及区块链的相关应用。

 学习目标

> **知识目标**

◇ 了解区块链的相关概念和典型区块链系统；

◇ 了解区块链关键技术及其特性；

◇ 掌握区块链的常见应用。

> **能力目标**

◇ 能够运用区块链关键技术，参考典型应用案例，分析设计典型应用系统。

> **素质目标**

◇ 启发学生对区块链的兴趣，利用区块链技术解决实际生活中的问题，培养知识创新和技术创新能力。

知识导图

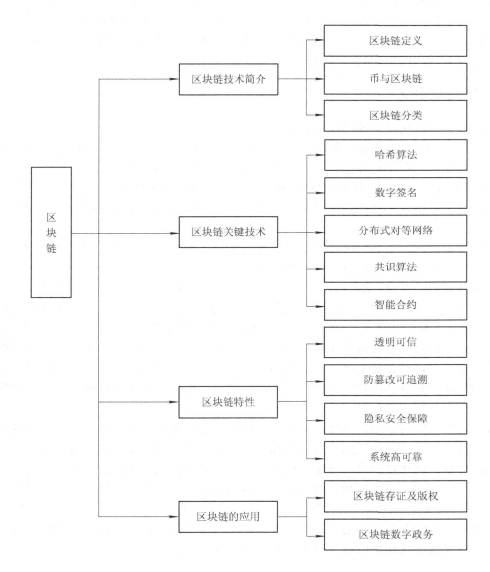

7.1 区 块 链

7.1.1 区块链技术简介

区块链技术最早应用于比特币项目中,作为比特币背后的分布式记账平台,在无集中式管理的情况下,比特币网络稳定运行了八年时间,支持了海量的交易记录,并且从未出现过严重的漏洞。目前,区块链技术仍然在飞速发展,相关的规范和标准也在进一步成熟和完善中。那么，什么是区域链(Blockchain)呢？狭义来讲，区块链是一种按照时间顺序将数据区块以顺序相连的方式组合成的一种链式数据结构，并以密码学方式保护的不可篡改和不可伪造的分布式账本。广义来讲，区块链技术是利用块链式数据结构来验证与存储数据，利用分布式节点共识算法来生成和更新数据、利用密码学的方式保证数据传输和访问的安全，利用由自动化脚本代码组成的智能合约来编程和操作数据的一种全新的分布式基础架构与计算范式。

7.1.2　区块链定义

不同组织或机构给出的区块链定义不同。

(1) 中国区块链技术与产业发展论坛给出的定义：区块链是分布式数据存储、点对点传输、共识机制和加密算法等已有计算机技术的新型应用模式。

(2) 数据中心联盟给出的定义：区块链是一种由多方共同维护、使用密码学保证数据传输和访问安全，并且能够实现数据一致存储、无法篡改、无法抵赖的一种新型技术体系。

综上可以看出，虽然对区块链的描述有所不同，但本质都一样，即区块链拥有去中心化、去信任化、开放、信息不可更改和匿名等特性。

专业的解释定义或许有些难以理解。一般地，我们可以这样理解，区块链实质上是由多方参与并共同维护的一个持续增长的、动态的分布式数据库；从金融会计的角度而言，区块链是一种分布式共享账本。这种账本的作用和现实生活中的账本作用基本一致，即按照一定的格式记录流水等交易信息，特别是在当前各种数字货币中，交易信息也就是各种转账信息，只是随着区块链的不断发展和应用，这些交易信息由各种转账记录转化为不同领域的信息。比如，在供应链溯源应用中，区块记录了供应链各个环节中物品所处的责任方及位置等信息。

要探寻区块链的本质，需要知道什么是区块，什么是链，也就要了解区块链的数据结构，即这些交易信息是以怎样的方式保存在账本中的。区块即一组一组的交易，并且通过哈希算法将区块接起来形成链。区块链是分布式"复制"账本，因此区块链上的每个区块都完全相同。每个区块包括区块头和区块主体两个部分。区块头主要由父区块哈希值、时间戳、默克尔树根等信息构成；区块主体一般为包含一串详细交易内容的列表。每个区块中包含的父区块哈希值，唯一地指定了该区块的父区块，使区块之间形成连接关系，从而组成了区块链的基本数据结构，如图 7-1 所示。

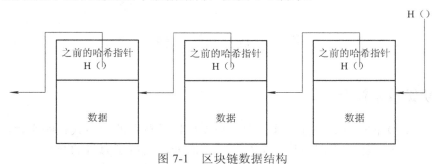

图 7-1　区块链数据结构

7.1.3 比特币与区块链

2008 年全球金融危机爆发,一位自称中本聪(Satoshi Nakamoto)的人于 2008 年发表了一篇名为《比特币:一种点对点式的电子现金系统》的论文,阐述了一种被他称为"比特币"的电子货币,比特币(Bitcoin)就此诞生。2009 年 1 月 3 日,比特币创世区块诞生。

每当提到区块链的时候,很多人会认为区块链就是比特币。虽然区块链技术源自比特币,其至"区块链"的命名也是来自比特币,但是并不能将区块链和比特币混为一谈。从区块链应用的发展历程看,区块链技术源于比特币,就好比发动机技术源于汽车,但其也可应用于飞机、轮船等;比特币只是区块链技术的成功应用,区块链是作为比特币底层技术和基础架构存在的。比特币及其他基于区块链技术开发的加密数字货币,实际上都只是区块链 1.0 的应用,但这并不能说明区块链只能应用在加密数字货币上。

维塔利克·巴特林(Vitalik Buterin)于 2013 年底发表了《以太坊白皮书:下一代智能合约与去中心化应用平台》,此书中将"智能合约"的概念引入区块链技术中,这标志着区块链技术的应用场景不再局限于加密数字货币领域。智能合约的引入,使得区块链实现了基于区块链开发、可适用于任何场景的应用程序,标志着区块链 2.0 时代的到来。

随着科学技术的不断发展和创新,在社会各类活动中都需要实现信息的自证明,如学历和技能证书等;在司法、医疗和物流等领域也需要解决信任问题,包括数据存储、防伪溯源和身份认证等。这些标志着区块链 3.0 时代的到来。

7.1.4 区块链分类

区块链技术可以应用到不同的领域,有的领域需要安全,有的领域则更注重效率。目前主要把区块链分为三种类型,即公有链(Public Blockchain)、私有链(Private Blockchain)和联盟链(Consortium Blockchain)。

公有链是指全世界任何一个人都可以读取、发送交易且交易能够获得有效确认的共识区块链。它是全网公开的,用户无需授权就可随时加入或脱离网络,如比特币系统和以太坊等。

私有链则与公有链相反,它是完全私有的区块链,链上的数据不对外开放,只在组织内部使用。也就是说,所有参与到这个区块链中的节点都会被严格控制,数据只向满足特定条件的个人开放,如个人的账号密码只对自己开放一样。

联盟链则介于公有链和私有链之间,为联盟区块链,指有若干组织或机构共同参与管理的区块链,每个组织或机构控制一个或多个节点,共同记录交易数据,并且只有这些组织和机构能够对联盟链中的数据进行读写和交易发送,如超级账本等。

这三类区块链特性对比如表 7-1 所示。这里首先对表中主要属性作简要介绍。

(1) 共识机制:在分布式系统中,共识指的是各个参与节点通过共识协议达成一致的过程。

(2) 去中心化:是相对于中心化而言的一种成员组织方式,每个参与者都拥有高度自治权，参与者之间自由连接，不依赖任何中心系统。

(3) 多中心：多中心化是介于去中心化和中心化之间的一种组织结构，各个参与者通过多个局部中心连接到一起。

(4) 激励机制：是一种鼓励参与者参与系统维护的机制，比如比特币系统会对获得记账权的节点给予比特币奖励。

表 7-1　区块链的类型及其特性

	公有链	联盟链	私有链
参与者	任何人自由进出	联盟成员	个体或公司内部
共识机制	PoW/PoS/DPoS 等	分布式一致性算法	分布式一致性算法
记账人	所有参与者	联盟成员协商决定	自定义
激励机制	需要	可选	可选
中心化程度	去中心化	多中心化	(多)中心化
突出特点	信用的自建立	效率和成本优化	透明和可追溯
承载能力	3～20 笔/秒	1000～10000 笔/秒	1000～200 000 万笔/秒
典型场景	加密数字货币、存证	支付、清算、公益	审计、发行

7.2　区块链关键技术

区块链技术不是突然出现的技术，计算机的很多技术，如哈希算法、数字签名(保证货币流通正确)、分布式对等网络系统、共识算法和智能合约等都为区块链的出现及应用作了储备。本节主要探讨这些关键技术的原理及其在区块链系统中的作用。

7.2.1　哈希算法

哈希算法(Hash Algorithm)也叫散列算法，可以将输入的任意长度的信息(如文本等信息)通过散列算法变换成固定长度的输出，该输出就是哈希值(即散列值)。通常采用SHA-256算法。哈希运算主要有以下五个特性：

(1) 输入的数据不论长短，哈希值的长度不会改变。

(2) 两个相同的数据经过哈希之后，哈希值一样。

(3) 输入的两个数据差别很小，哈希值完全不一样。

(4) 两个完全不一样的数据得到的哈希值可能一样，即哈希碰撞。

(5) 哈希值不能计算出原输入数据。

哈希算法的这些特性可以保证区块链的不可篡改性。一个区块的所有数据通过哈希运算可得到一个哈希值，而这个哈希值无法反推出原来的内容。因此区块链的哈希值可以唯一、准确地标识一个区块，任何节点通过简单快速地对区块内容进行哈希运算后，都可以独立地获取该区块的哈希值。如果想要确认区块内容是否被篡改，利用哈希算法重新计算，对比哈希值即可确认。

7.2.2 数字签名

区块链网络中包含大量的节点，不同节点的权限不同。在区块链中主要通过数字签名来实现权限控制，识别交易发起方的合法身份，防止恶意节点的身份冒充。数字签名也称电子签名，是通过一定算法实现类似传统物理签名的效果。

在区块链系统中，利用密码学领域的相关算法对签名内容进行处理，获取一段用于表示签名的字符。在密码学领域，一套数字签名包含签名和验签两种运算。数字签名通常采用非对称加密算法，即每个节点都需要私钥、公钥这样的密钥对。私钥即只有本人可以拥有的密钥，在签名时使用。公钥即所有人都可以获取的密钥，在验证时使用。因为公钥人人都可以获得，因此所有节点都可以校验身份的合法性。

数字签名的流程具体如下：

(1) 发送方 A 对原始数据通过哈希算法计算数字摘要，生成公钥和私钥；

(2) A 将公钥发送给接收方 B；

(3) A 用私钥加密明文得到数字签名，之后将明文和数字签名一起发送给 B。

验证数字签名的流程如下：

(1) 接收方 B 收到数字签名和 A 的原始数据后，用公钥解密后得到明文；

(2) 明文一致，可以确认中间没有被篡改，接收方 B 用 A 的公钥检验成功，即解密成功，可证明是 A 发送的。

在区块链网络中，每个节点都有自己的私钥和公钥。节点发送交易时，先利用自己的私钥对交易内容进行签名，并将签名附加在交易中。其他节点收到广播消息后，首先对交易中附加的数字签名进行验证，完成消息完整性校验及消息发送者身份合法性校验后，该交易才会进行后续处理流程。

7.2.3 分布式对等网络

传统的网络服务架构大部分是客户端/服务端(Client/Server，C/S)架构，即通过一个中心化的服务端节点，对许多个申请服务的客户端进行应答和服务。但是这种存在中心服务节点的特性不能满足区块链去中心化的需求。同时，在区块链系统中要求所有节点共同维护账本数据，即每笔交易都要发送给网络中的每个节点。因此，区块链技术中使用了对等计算机网络(Peer-to-Peer NetWorking，P2P 网络)技术。

对等计算机网络是一种去除了中心化的网络服务架构，是一种在对等者(Peer)之间分配任务和工作负载的分布式应用架构，是对等计算模型在应用层形成的一种组网或网络形式。从计算模式上来说，P2P 网络打破了传统的 C/S 模式，在网络中的每个节点的地位都是对等的，每个节点保有完全相同的数据，没有中心节点。由于节点之间的数据传输不再依赖中心服务节点，P2P 网络的可靠性极高，任何单一或者少量节点故障都不会影响整个网络的正常运转。

7.2.4 共识算法

在区块链这样的去中心化系统中，要求所有节点共同维护账本数据，并不存在权威节点或者中心节点，那么最终以谁的记录为准呢？或者说，怎样保证链上所有节点最终都会记录一份完全相同的数据呢？

分布式共识是区块链中非常重要的一个技术，即在一组人或者一组机器之间，通过某种方式达成一致的意见，大家商量好共同做一件事。分布式共识主要有三种方法，PoS(Proof of Stake，权益证明)凭证类共识算法、BFT(Byzantine Fault Tolerance，拜占庭容错)类算法、PoW(Proof of Work，工作量证明)类共识算法。

PoS 凭证类共识算法可理解为中心共识算法，即根据每个节点的某些属性(拥有的币数、持币时间和声誉等)，定义每个节点出块的优先级，并且取凭证最优的节点进行下一时间段的记账出块，即在所有对等节点中选取一个中心节点来进行出块。这种类型的共识算法因为有了中央节点，效率很高，但是一旦中央节点停止工作，整个系统就会停止工作，在一定程度上违背了区块链"去中心化"的思想。

BFT 类算法可理解为投票，它希望所有节点协同工作，即所有节点都是对等的。如果没有中央节点，任何一个节点相对其他节点来说，都是平等的，这个时候通过投票统一意见。在 BFT 类算法中必须知道参加投票的总人数，否则无法完成投票的过程。其中实用拜占庭容错(Practical BFT，PBFT)算法是最经典的 BFT 类算法。BFT 类共识算法通常会定期选出一个领导者，领导者对区块链系统中的交易进行接收并排序，并将最终生成的区块递交给其他节点进行验证，其他节点"举手"表决接受或拒绝该领导者的决议，进而达成共识。在这类算法中，如果大多数节点认为当前领导者的决议存在问题，可以通过多轮投票将现有领导者推翻，再以某种事先预定好的协议协商产生新的领导者节点。但是这类算法因协商轮次多而导致协商通信开销较大，因此不适用于节点数目较多的系统。

PoW 类共识算法即中本聪的分布式共识。比特币采用 PoW 工作量证明共识机制，在生成区块时，系统让所有节点公平地计算一个随机数，最先寻找到随机数的节点即是这个区块的生产者，并获得相应的区块奖励，也就是比特币。寻找随机数的过程类似于抽签，采用哈希 SHA-256 算法进行；抽签过程不能太快，在广域网完成，抽签可容错；大概率情况只抽中一个，极低概率抽中两个，这个时候使用"最长链原则"。因此，比特币的 PoW 共识机制门槛很低，无需中心化权威的许可，人人都可以参与，并且每一个参与者都无需身份认证。

7.2.5　智能合约

智能合约是以太坊最为重大的核心发明，使区块链成为一种底层技术，而不仅仅像比特币一样是个应用。因为对智能合约的支持，区块链可以应用于很多去中心、去信任的场景中，区块链的基础性价值获得了较广泛的认可。

智能合约与传统合约的区别就在于"智能"，它不涉及人类主观想法，一切皆代码；即智能合约本质上是一段写在区块链上的代码，一旦某个事件触发合约中的条款，代码即自动执行。例如自动售货机，就可以视为一个智能合约系统。

智能合约执行的基本过程包括构建、存储和执行。智能合约执行过程如下：

(1) 智能合约由区块链内多个用户共同参与制定，用于用户之间的任何交易行为。

协议中明确双方的权利和义务，开发人员将这些权利和义务以电子化形式编程，代码中包含触发合同自动执行的条件。

(2) 一旦编码完成，这份智能合约就被上传到区块链网络中，即全网验证节点都会接收到这份合约。

(3) 智能合约会定期检查是否存在相关事件和触发条件，满足条件的事件将会被推送到待验证的队列中。

(4) 区块链上的验证节点先对该事件(触发条件)进行签名验证，确保有效性。在大多数验证节点对该事件达成共识后，智能合约(代码)将被成功执行，并通知用户。

(5) 成功执行的智能合约将被移出区块；未成功执行的合约则继续等待下一轮处理，直到成功执行。

在区块链系统中，智能合约可以共同维护区块链账本，使得链上的所有交易数据都无法被篡改，不可伪造；同时，减少了人工对账的出错率和人力成本。智能合约在区块链中的运行逻辑如图 7-2 所示。

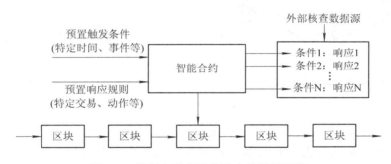

图 7-2　智能合约在区块链中的运行逻辑

需要注意的是，部署到以太坊的智能合约要消耗以太币，因此智能合约应遵循越少越好，逻辑尽可能简单的原则，因为逻辑越复杂，消耗的以太币就越多。以太坊给常用的代码逻辑都规定了价格，智能合约的执行要消耗以太币,那么如何支付这些以太币呢？以太网采用预支付的方式，提前预支付以太币，防止半路合约中断回到初始状态，但已经消耗的以太币不会被退回。

7.3　区块链特性

区块链是多种现有计算机技术的集成创新，主要用于实现多方信任和高效协同。通常，一个成熟的区块链系统具备透明可信、防篡改可追溯、隐私安全保障以及系统高可靠四大特性。

7.3.1　透明可信

透明可信包括以下两点：

(1) 区块链系统中的每个节点都可参与记账，都有一份完整的账本，从而实现信息透明。

　　在去中心化的系统中，网络中的所有节点均是对等节点，大家平等地发送和接收网络中的消息。所以，系统中的每个节点都可以完整观察系统中节点的全部行为，并将观察到的这些行为在各个节点进行记录，即维护本地账本，整个系统对每个节点来说都具有透明性。这与中心化的系统是不同的，中心化系统中不同节点之间存在信息不对称的问题。中心节点通常可以接收到更多信息，而且中心节点也通常被设计具有绝对的话语权，这使得中心节点成为一个不透明的黑盒，而其可信性也只能借由中心化系统之外的机制来保证，如图 7-3 所示。

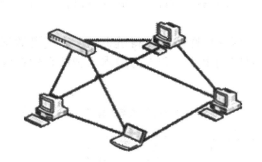

去中心化网络，全网可见　　　　　　　　　　　　中心化网络，中心黑盒

图 7-3　网络架构对比

（2）所有节点共同参与决策过程，从而保证信息可信性。

　　区块链系统是典型的去中心化系统，网络中的所有交易对所有节点均是透明可见的，而交易的最终确认结果也由共识算法保证了在所有节点间的一致性。所以整个系统对所有节点均是透明、公平的，系统中的信息具有可信性。

　　所谓共识，简单理解就是指大家都达成一致的意思。其实在现实生活中，有很多需要达成共识的场景，比如投票选举、开会讨论、多方签订一份合作协议等。而在区块链系统中，每个节点通过共识算法让自己的账本跟其他节点的账本保持一致。

7.3.2　防篡改可追溯

　　"防篡改"和"可追溯"可以被拆开来理解，现有的区块链应用很多都利用了防篡改可追溯这一特性，特别是在物品溯源等方面，区块链技术得到了大量应用。

　　"防篡改"是指交易一旦在全网范围内经过验证并添加至区块链，就很难被修改或者抹除。一方面，当前联盟链所使用的如 PBFT 类共识算法，从设计上保证了交易一旦被添加至区块链，即无法被篡改；另一方面，以 PoW 作为共识算法的区块链系统的篡改难度及花费都是极大的。若要对此类系统进行篡改，攻击者需要控制全系统超过 51% 的算力，且攻击行为一旦发生，区块链网络虽然最终会接受攻击者计算的结果，但是攻击过程仍然会被全网见证，当人们发现这套区块链系统已经被控制后，便不再会相信和使用这套系统，这套系统也就失去了价值，攻击者便无法收回为购买算力而投入的大量资金，因此一个理智的个体不会进行这种类型的攻击。

在此需要说明的是，"防篡改"并不等于不允许编辑区块链系统上记录的内容，只是整个编辑的过程会被完整记录下来，形成"日志"，且这个"日志"是不能被修改的。

"可追溯"是指区块链上发生的任意一笔交易都是有完整记录的，如图 7-4 所示，我们可以针对某一状态在区块链上追查与其相关的全部历史交易。"防篡改"特性保证了写入到区块链上的交易很难被篡改，为"可追溯"特性提供了保证。

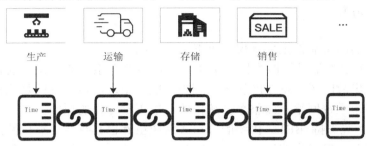

图 7-4　区块链信息存储

7.3.3　隐私安全保障

区块链的去中心化特性决定了区块链的"去信任"特性：由于区块链系统中的任意节点包含了完整的区块校验逻辑，所以任意节点都不需要依赖其他节点完成区块链中交易的确认过程，也就是无需额外地信任其他节点。"去信任"的特性使得节点之间不需要确认其他节点的身份便可以对交易进行有效判断，这为区块链系统保护用户隐私提供了前提。

如图 7-5 所示，区块链系统中的用户通常以公钥私钥体系中的私钥作为唯一身份标识，用户只要拥有私钥，即可参与区块链上的各类交易；至于谁持有该私钥则不是区块链所关注的事情，区块链也不会去记录这种匹配对应关系；所以区块链系统知道某个私钥的持有者在区块链上进行了哪些交易，但并不知晓这个持有者是谁，进而保护了用户的隐私。

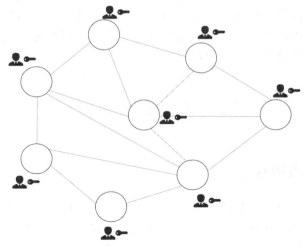

图 7-5　区块链隐私保护

从另一个角度来看，快速发展的计算机密码学为区块链用户的隐私提供了更多保护方法。同态加密、零知识证明等前沿技术可以让数据以加密形态即密文存在于区块链上，任何不相关的用户都无法从密文中读取有用信息，而交易相关用户可以在设定权限范围内读取有效数据，这为用户隐私提供了更深层次的保障。

7.3.4　系统高可靠

区块链系统的高可靠性主要体现在以下两个方面。

(1) 关于每个节点都对等地维护一个账本并参与整个系统的共识。也就是说，如果其中某一个节点出故障了，整个区块链系统仍然能够正常运转。这就是我们可以自由加入或者退出比特币系统网络，而整个系统依然可以正常工作的原因。

(2) 区块链系统支持 BFT。传统的分布式系统虽然也具有高可靠特性，但是通常只能容忍系统内的节点发生崩溃现象，而系统甚至某个节点一旦被攻克，整个系统都将无法正常工作。

通常，按照系统能够处理的异常行为可以将分布式系统分为崩溃容错(Crash Fault Tolerance，CFT)系统和拜占庭容错系统。CFT 系统，顾名思义，就是指可以处理系统中节点发生的崩溃错误的系统，而 BFT 系统则是指可以处理系统中节点发生的拜占庭错误的系统。拜占庭错误来自著名的拜占庭将军问题，现在通常是指系统中的节点行为不可控，可能存在崩溃、拒绝发送消息、发送异常消息或者发送对自己有利的消息(即恶意造假)等行为。

传统的分布式系统是典型的 CFT 系统，不能处理拜占庭错误，而区块链系统则是 BFT 系统，可以处理各类拜占庭错误。区块链能够处理拜占庭错误的能力源自其共识算法，而每种共识算法也有其对应的应用场景(或者说错误模型，简单来说即是拜占庭节点的能力和比例)。例如：PoW 共识算法不能容忍系统中超过 51% 的算力协同进行拜占庭行为；PBFT 共识算法不能容忍超过总数的 1/3 节点发生拜占庭行为；Ripple 共识算法不能容忍系统中超过 1/5 的节点存在拜占庭行为等。因此，严格来说，区块链系统的可靠性也不是绝对的，只能说是在满足其错误模型要求的条件下，能够保证系统的可靠性。然而由于区块链系统中，参与节点数目通常较多，其错误模型要求完全可以被满足，所以我们一般认为，区块链系统是具有高可靠性的。

7.4　区块链的应用

7.4.1　区块链存证及版权

在互联网时代，信息传播异常简单，普通人非常容易进行零成本复制、秒级传播信息的行为，产品的生产与传播日益快捷，在互联网时代的数字版权具备以下三个特点：每个人都可以成为创作者和版权人；数字内容不断进化，付费数字内容普遍化，人们的版权意识全面提升；传播途径众多，例如自媒体、移动网络、游戏、短视频、微博和朋友圈等。

在这种新环境下，侵犯版权几乎不需要付出任何代价。而在维权方面，目前业界普遍通过版权登记来确认版权所有人，以及结合公共权力保护作品所有人的权益，这种在印刷品时代行之有效的版权登记确认方式，到了互联网时代就显示出其弊端，比如流程、成本非常高昂等。在我国，通常为一件作品登记到相关部门确定版权整个流程需要数百元到数万元不等的费用，版权确定周期一般为几个月甚至更长，因此版权登记、确认的时间和成本都非常高。而且就算获得版权也不能有效地保障作品权益，当版权被侵犯时只能诉诸法律，而举证、确权、验证等环节手段匮乏，难度和时间代价也非常大；即使最终能够赢得官司，权利人维权获得的收益与其付出也不匹配。此外，法律制度的不健全也提供了滋生侵犯版权这种不正之风的空间。

总地来说，现有数字存证和版权维护存在以下的问题。

(1) 网络时代下的数字作品具有产量高、传播速度快的特点，传统的版权保护效率低，无法保证网络时代的海量数字作品的时效性，经过登记再发布早已经丧失了内容的时效性。

(2) 传统的版权保护成本过高，以至于大多数网络作者并不会进行版权登记和保护，进而侵权行为频发，如网络小说侵权等。

(3) 取证维权难。在抄袭行为被发现后，原创作者的作品未进行登记与保护，进而无法拿出侵权证据，难以获取具有法律效力的证据。

(4) 维权周期长。版权相关交易流程难以跟版权存证系统整合，导致交易周期拉长，内容生产者的活跃度受限。

(5) 难以形成有效市场。数字作品种类繁多，没有统一标准，内容消费的收益难以公平有效地在原创作者和相关机构间分配，无法形成有效的市场。

综上所述，侵权容易、维权难已成为数字时代版权保护首先要解决的难题。在当前互联网时代，实名制还没有有效实施，侵权人基本上匿名存在且人数众多，侵权对象较难确定；付费体系和习惯没有形成、网民版权意识薄弱，使这类问题更加难以解决。长此以往，将会导致知识创新者获得的回报还不如盗版者，使创新者失去创新的动力，给国家和社会带来不可估量的经济损失。

在互联网环境中，原创凭证和维权依据能给原创者带来巨大的价值，便捷、安全、可信和价格低廉的版权保护方式能更好地满足作品的传播及交易需求。

区块链由分布式数据存储、点对点传输、共识机制和加密算法等技术组合扩展而来，具备不可改、信息透明、可追溯和可信共享等特征。区块链和行业相结合将呈现两个非常有价值的特点：一是解决跨公司、跨利益集体等多个主体之间的信任问题，实现数据联通和信息可信共享；二是商业流程自动化，在区块链可信环境中运行智能合约，解决交易双方的信任问题，提高交易的便利性。

基于区块链技术的数字版权解决方案，利用区块链的去中心化和可追溯性能更好地保护了数字资产，表 7-2 从技术层面系统地总结了区块链技术对数字版权带来的价值。

表 7-2　区块链技术对数字版权的价值

区块链特征	对数字版权带来的突破性价值
多中心化	分布式存储和共识能有效地去除第三方，解决因第三方带来的维权难、周期长、成本高和赔偿低的问题
开放性	通过加密技术等开放式的区块链技术能有效减少数字产品发起人对产品的控制，减少中间商赚取差价的问题
透明性	创作者能够通过区块链技术清楚地了解数字产品的使用和授权情况，并直接和受众进行沟通，了解其对产品的真实想法
自治性	通过智能合约实现授权和交易透明，任何人都必须尊重版权并需要付出一定的费用才能得到产品
数据不可篡改	在发生版权冲突时，区块链所记录的数据和时间能够起到重要作用，避免出现版权举证难的问题

总体来说，区块链数字版权系统具备以下三个方面的优点：

(1) 能快速有效地保护原创者的权益。互联网时代，如何快速有效地保护原创作者的权益，是数字版权所面临的新的挑战。互联网时代数据传播的高速度使新技术几乎不存在保密的特性，这种新技术可能会以数倍甚至数十倍的速度在业内进行推广，产业的特点会让新技术更快地投入实际的应用中，而这样的过程让知识创作者丧失了很多的权益。区块链技术能够让作者的权益获得最大的保护，让其作品版权避免被他人所侵犯。

(2) 去中心化版权保护，可以降低版权保护成本，并提高维权效率。传统知识产权保护过程中，版权保护中心机构的执行效率低，保护成本高，这导致了知识产权存在取证难、周期长、成本高和赔偿低等问题。区块链具有的功能刚好能够匹配市场的需求，将版权保护中心机构角色由裁判变为监督，将信息存储在互联互通、多方存储和实时共享的区块链网络系统中，加之区块链具有无法被任意篡改的特性，这些极大地提升了维权的效率，降低了维权的成本。

(3) 实现版权信息互通，进而促进数字行业良性发展。目前数字行业处于信息孤岛模式，各版权运营商各自维护一份账本，这些账本的拥有者都可以对其进行篡改或者编造，这对数字版权原创性的保护带来极大麻烦。区块链技术可以有效地防止账本被恶意篡改，结合合法的时间戳，能做到入链即确权，能快速地对版权的原创性进行追溯和问责。数字产业的创新性强、科技依存度高和直接渗透生活的特性，使得可以通过有效保护版权改变数字产业的发展方向。如果版权得不到保护，后果不堪设想。区块链技术能很好地保护版权，进而促进数字产业的良性发展，并能够有效地保障产业创作者等人员的权益。

区块链版权服务包括版权存证、版权检测追踪、侵权存证和版权资产共享四部分内容。

(1) 版权存证。将哈希算法计算出的存证数据指纹写入区块链网络中，并根据用户需求生成存证证书供用户保留，也可根据用户需求，提供纸质书面报告。在客户需要对存证的指纹进行验证时，提供数字指纹比对查询。

(2) 版权检测追踪。根据版权作品的内容特性，生成 DNA 特性，并将其在联盟链上进行登记；提供重点网站自动化爬虫，将监测到的内容与作品 DNA 进行匹配，相似度达到阈值，则自动进行侵权预取证操作；对已进行预取证的内容则进行持续追踪并进一步分析匹配，待确认侵权后则直接进行侵权取证。

(3) 侵权存证。当发现侵权行为时，快速调用版权服务中的侵权取证接口，抓取侵权页面作为证据，并将取证结果保存在版权平台中，将侵权行为固化为证据进行保存，数据将永久存储且不可篡改。对于已进行侵权存证操作的侵权内容，版权服务提供持续性的侵权监控、侵权追踪等服务，确保侵权方对侵权内容采取相应处理。

(4) 版权资产共享。版权资产共享平台在明确数字资产的所有者后，做到对相关资产运用的可追溯，安全性得到了保障；将版权的交易和存证结合，实现内容消费的收益在原创作者和相关机构之间的公平分配。

7.4.2　区块链数字政务

在大数据不断发展的时代，区块链可以让数据"跑"起来，大大精简了办事流程。区块链的分布式技术可以让政府部门集中在一个链上，所有办事流程都交付智能合约，办事人只要在一个部门通过身份认证以及电子签名，智能合约就可以自动处理并进行流转，按智能合约约定的顺序完成后续所有审批和签章。区块链发票是国内区块链技术最早落地的政务服务应用之一。税务部门推出区块链电子发票"税链"平台，税务部门、开票方和售票方都通过独一无二的数字身份加入"税链"网络，真正实现了"交易即开票""开票即报销"，大幅降低了税收征管的成本，有效解决了一票多报、偷税漏税等问题。

传统纸质财政票据的印制成本高、开具效率低，并且在管理上的不规范等问题日益突出，越来越不适应当前网络信息技术的发展，在一定程度上制约了网络缴款、电子支付等新型支付模式在政府性收费中的应用。为解决上述问题，运用计算机和信息网络技术开具、存储、传输和接收数字电文形式的凭证，正是借助信息技术推动财政管理创新的一次有益尝试。

财政票据在社会主义市场经济中有着重要的源头控制作用，是行政事业单位管理和会计核算的重要凭证，是政府规范非税收入管理的最基础的环节，更是预防腐败行为的有效举措。财政票据电子化管理通过先进的管理技术和手段，可以达到"印、发、审、验、核、销、查"全方位动态监督管理，对于贯彻落实财政工作科学化、精细化管理要求，从源头上预防和治理"三乱"现象，促进非税收入收缴改革，完善财政票据管理内部控制等，有着重要的现实意义。

在财政票据电子化过程中需要解决的一个重要问题是如何保证电子票据的安全性，这就需要构建财政电子票据安全保障体系，确保财政电子票据在生成、传输、储存等过程中的真实、完整、唯一、未被更改性。区块链技术在解决这个问题上有着非常高的契合度。

以医院开具的财政票据场景为例，财政局、医院、社保局、保险公司和审计部门等可以组建如图 7-6 所示的区块链联盟链。

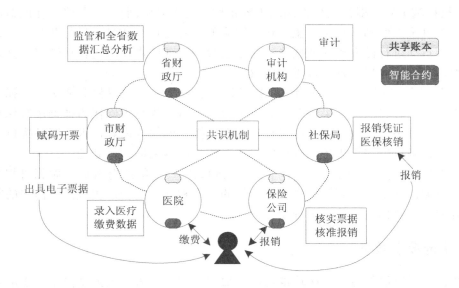

图 7-6　医院电子票据联盟链

个人在医院进行诊疗并缴费成功后，本次诊疗的缴费记录则由医院录入到区块链中，之后由财政局开出电子票据，同时此次诊疗缴费的信息同步到区块链上其他参与方的账本中。在这个过程中，区块链技术将在效率和安全性方面带来如下价值。

(1) 共享账本打通了不同组织间的异构系统，使得缴费票据数据可以在联盟成员间完全透明化，从而不同成员可以应用该数据实现不同的功能和服务，如保险公司和社保局用于报销核实，上级财政部门监管下级部门，审计部门进行审计等，并且在有权限的一方对数据进行更改后，其他成员也能实时获得更改后的信息。比如票据在用于保险公司核销时，一家保险公司对票据进行核销后，其他保险公司均可获知此状态，票据将不能用于重复报销。

(2) 智能合约和共识机制可以保证链上数据的更改权限掌握在必要的角色手中。比如开票要求必须至少得到财政局的背书，这样可以防止假票据的产生。

(3) 多中心化和块链结构账本可以保证票据数据难以被篡改，以及实现数据的多重备份，在很大程度上可以防止因黑客攻击等造成的安全威胁。此外，由于票据的历史记录可以被回溯，这样审计工作的调阅成本将大大降低。而审计工作越简单高效，审计就越具有威慑力，形成良性循环。

综上所述，区块链技术不仅能够保证票据电子化的安全性，而且能使上下游部门办事的效率大幅提升。

区块链作为一种底层协议或技术方案，可以有效解决信任问题，实现价值的自由传递。在数字政务、存证防伪数据服务、数字货币、金融资产的交易结算、学历证明和产品溯源等领域具有广阔的发展前景。随着应用场景的日益丰富，不断涌现的应用将推动着区块链技术的不断完善，区块链与云的结合日趋紧密，区块链在大数据领域不断涌现出新的应用。总之，区块链技术正在以其独特的价值深入影响和改变人们的认知与生活。

本 章 习 题

1. 简述比特币和区块链之间的关系。

2. 区块链的关键技术有哪些？

3. 区块链有哪些特性？

4. 按照某个月降雨量向投保人支付一定金额的农业保单的智能合约的具体实现过程应该是：智能合约会一直等到预定的时间，从外部服务获取天气报告，然后按照获取的数据采取恰当的行动。这种说法是否正确？为什么？

5. 根据区块链的特点，你能想到的区块链应用有哪些？

第 8 章　物　联　网

 本 章 概 述

　　本章首先介绍物联网的概念，给出 ITU(International Telecommunication Union，国际电信联盟)和 EPOSS(European Technology Platform on Smart Systems Integration， 欧洲智能系统集成技术平台)对物联网的不同定义，通过定义引出物联网的主要特点；接着展示物联网的起源与发展，辨析物联网与互联网、泛在网的关系；再者阐述物联网的系统结构和关键技术；最后给出物联网的主要行业应用，从概念、发展、体系结构和关键技术等方面重点介绍物联网的两个重点领域应用：智能物流和智能家居。

 学 习 目 标

　　➢ **知识目标**

　　◇ 了解物联网的概念、起源与发展；
　　◇ 了解物联网典型的关键技术与应用场景；
　　◇ 掌握物联网的主要特点；
　　◇ 掌握物联网与互联网、泛在网的区别；
　　◇ 掌握物联网的层级体系结构。

　　➢ **能力目标**

　　◇ 能够描述物联网的基本特征；
　　◇ 能够描述物联网的现状和发展；
　　◇ 能对典型物联网系统进行结构分析；
　　◇ 能描述典型物联网系统中的信息处理流程。

　　➢ **素质目标**

　　◇ 启发学生对物联网的兴趣，培养独立思考和知识创新的能力。

知识导图

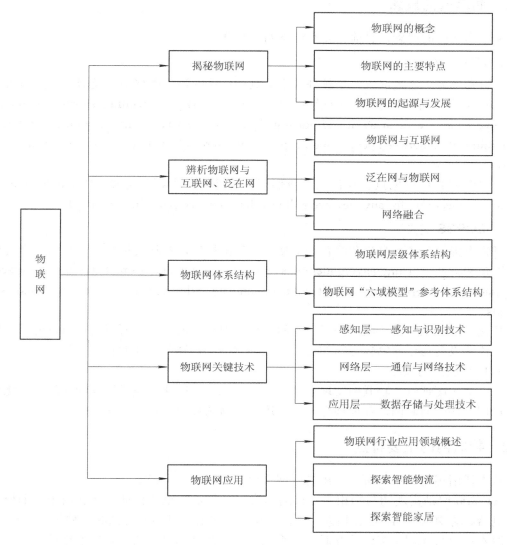

　　人们对于现在生活中的智能家居、ETC(Electronic Toll Collection，电子不停车收费)、远程监控、智能安防、无人机驾驶、远程电表和远程启动汽车等应用都非常熟悉，这些应用都属于物联网。物联网的英文名称为"Internet of Things"，简称 IOT。从字面上看，物联网就是物物相联的网络，能够让物体具有智慧，能够实现智能的应用。

8.1　揭秘物联网

　　物联网是当今网络高频热词，什么是物联网？物联网具有怎样的特点？物联网经历了怎样的发展阶段？物联网的体系结构及关键技术是什么？这些都是本节要探讨的主要内容。

8.1.1 物联网的概念

关于物联网的概念，目前主要有以下两种解释。

1. ITU 定义

在日常用品中通过嵌入一个额外的小工具和广泛的短距离移动收发器，使人与人之间、人与事物之间以及事物之间形成信息沟通形式。(By embedding short-rage mobile transceivers into a wide array of additional gadgets and everyday items，enabling new forms of communication between people and people，between people and things，and between things themselves.)

任何时间、任何地点、任何人，我们现在都能够实现相关连接。(From anytime，anyplace connectivity for anyone，we will now have connectivity for anything.)

2. EOPSS 定义

事物有虚拟任务的身份和经营场所使用的智能接口，在社会环境和用户内容上实现智能连接和沟通。(Thing having identities and virtual personalities operating in smart spaces using intelligent interfaces to connect and communicate within social, environmental, and user contexts.)

从狭义角度理解，物联网在任何时间、任何地点都能够实现所有物体通过射频识别等信息传感设备与任何物体之间的连接，达到智能化识别和管理的目的。其中，身份识别是 ITU 物联网的核心。

从广义角度理解，物联网实现全社会生态系统的智能化，完成所有物体的智能化识别和管理，在任何时间、任何地点可以实现与任何物体的连接。

8.1.2 物联网的主要特点

从上述诸多定义中，可以看出物联网主要具有以下四个特点。

(1) 物联网是实现物与物相互连接的网络，互联是其重要特征。物联网中物的概念包括机器、动物和植物，还包括人，也包括我们日常所接触和所看到的各种物品。所以，物联网本质上与我们常提到的互联网有很大不同。互联网是机器与机器的连接，构建的是一个虚拟的世界，而物联网则是真实物与真实物的连接，将物与物按照特定的组网方式进行连接，实现信息的双向有效传递。

(2) 物联网能够让物体更具有智慧。智慧感知是物联网给予物体的一个全新属性，这一属性有助于拓展人类对于这个世界的感知范围。物联网通过利用传感器、摄像头、RFID 和电子标签等感知设备采集动物、植物及物品的物理信息，将采集到的数据进行汇总与加工，并传送给智能穿戴设备，人们可通过智能穿戴设备从视觉、触觉、嗅觉和听觉等多感官感知这些动物、植物及物品。

(3) 物联网大大扩展了人类的沟通范围。从图 8-1 可以看出，物联网将人类的沟通范围从人与人之间的沟通扩展到了物体与物体、人与物体之间。物联网被人类赋予了智慧，借助于通信网络，可以建立物体与物体之间、人与物体之间的通信。物联网的出现，拓展了人类的沟通范围，实现了人类与物体之间的"直接对话"。

图 8-1　物联网概念示意图

(4) 物联网可以实现更多智能应用。有了物联网，物体具有了智慧，可以被感知，并且可以实现与人类之间的沟通，因此可以实现对物体的智能管理。物联网对物体的智能管理，可以衍生出更多智能应用。

8.1.3　物联网的起源与发展

物联网的概念最初被提出时，只是停留在通过给全球每个物品一个代码来实现物品跟踪与信息传递的设想。如今，欧洲的很多国家以及中国、日本、韩国和美国都已经把物联网提升到国家战略层面，物联网的发展不仅仅是对 IT 行业的发展，更上升为国家综合竞争力的体现，物联网本身则被称为继计算机、互联网之后世界信息产业的第三次浪潮。

1. 物联网概念的演进

早在 1995 年，比尔·盖茨在《未来之路》著作中描述："凭借你佩戴的电子饰品，房子可以识别你的身份，判断你所处的位置，并为你提供合适的服务；在同一房间里的不同人会听到不同的音乐；当有人打来电话时，整个房间里只有距离人最近的话机才会响起……"。物联网从概念提出到实践，其具体含义也随着技术的发展，经历了长时间的演进。

1999 年，美国麻省理工学院(Massachusetts Institute of Technology，MIT)最早明确地提出了物联网的概念，即给物品贴上一个射频识别(Radio Frequency Identification，RFID)的电子标签，在电子标签内存储物品的信息(包括产地、原料组成和生产日期等)，通过 RFID 完成对物品的识别，从而获取物品的信息，然后借助于互联网，将物品的信息发布在网上，在全球范围内实现对物品信息的共享，进而可以对物品进行智能管理。

2005 年，ITU 在《ITU 互联网报告 2005：物联网》报告中对物联网概念进行了扩展，提出任何时刻、任何地点、任何物体之间的互联，无所不在的网络和无处不在的计算这一发展愿景，除 RFID 技术外，传感器技术、纳米技术和智能终端等技术将得到更加广泛的应用。

2009 年，欧盟第七框架下 RFID 和物联网研究项目组，发布了《物联网战略研究路线图》研究报告，提出物联网是未来互联网的一个组成部分，可以被定义为基于标准的和可相互操作的通信协议，且具有自配置能力的、动态的全球网络基础框架。物联网中的"物"都具有标识、物理属性和实质上的个性，使用智能接口，实现与信息网络的无缝整合。

中国国务院总理温家宝在《2010 年国务院政府工作报告》中提出，物联网是指通过信息传感设备，按照约定的协议，把任何物品与互联网连接起来，进行信息交换和通信，以实现智能化识别、定位、跟踪、监控和管理的一种网络，是在互联网基础上延伸和扩展的网络。

2. 物联网在国外的发展

1) 物联网在美国的发展

2008 年 11 月，IBM 公司提出了 "智慧地球"(Smarter Planet)的概念。智慧地球是指将新一代的 IT、互联网技术充分运用到各行各业之中，具体就是把感应器嵌入或装备到医院、电网、铁路、桥梁、隧道、公路、建筑、供水系统、大坝和油气管道等各种物体中，借助网络等技术形成物联网，然后将物联网与现有的互联网整合起来，实现人类社会与物理系统的整合，从而达到"智慧"的状态。

2009 年 1 月，美国总统奥巴马与美国科技界举行了一次圆桌会议，IBM 首席执行官彭明盛向奥巴马提出了"智慧地球"的建议。奥巴马对"智慧地球"的构想给予积极回应，并将其提升至国家发展战略层面。

2) 物联网在欧盟的发展

(1) 欧盟的"物联网——欧洲行动计划"。2009 年 6 月，欧盟在比利时首都布鲁塞尔向欧洲议会、欧洲理事会、欧洲经济与社会委员会和地区委员会提交了《物联网——洲行动计划》(Internet of Things—An action plan for Europe)，希望构建物联网框架。《物联网——欧洲行动计划》有如下 14 项行动。

行动 1　体系：定义一套基本的物联网治理原则，建立一个足够分散的架构，使得各地的行政当局能够在透明度、竞争和问责等方面履行自己的职责。

行动 2　隐私：持续地监督隐私和私人数据保护问题，还将公布在泛在信息社会保护隐私的指导意见。

行动 3　芯片沉默：开展有关"芯片静默权利"在技术和法律层面的辩论，它解释了一个观点：用户在使用不同的名字表达个人想法时，可以随时断开他们与网络环境的联接。

行动 4　风险：提供一个政策框架，使物联网能够有效应对信任、接入和安全方面的挑战。

行动 5　重要资源：物联网基础设施将成为欧洲的重要资源，特别提到，要将其与关键的信息基础设施联系在一起。

行动 6　标准：对现有及未来与物联网相关的标准进行评估，必要时推出附加标准。

行动 7　资助：持续物联网方面的研究项目，特别是在微电子学、非硅组件、能源获取技术、无线通信智能系统网络、隐私与安全及新的应用等重要的技术领域。

行动 8　合作：筹备在绿色轿车、节能建筑、未来工厂和未来互联网 4 个物联网能发挥重要作用的领域与公共及私营部门的合作。

行动 9　创新：将考虑通过 CIP(竞争与创新框架计划)推出试点项目的方式，推动物联网应用的进程。试点项目集中于电子健康、电子无障碍和气候变化等领域。

行动 10　通报制度：欧盟委员会将定期向欧洲议会、欧洲理事会及其他相关机构通报物联网的进展。

行动 11　国际对话：将在物联网的所有方面加强与国际合作伙伴现有的对话力度，目的是在联合行动、共享最佳实践和推进各项工作实施上取得共识。

行动 12　RFID 再循环：评估推行再循环 RFID 标签的难度以及将现有 RFID 标签作为再循环物的利与弊。

行动 13　检验：对物联网相关技术定期检测，并评估这些技术对经济和社会的影响。

行动 14　演进：开展与世界其他地区的定期对话，并分享物联网的最新成果。

(2) 欧盟对于物联网发展的预测。欧洲智能系统集成技术平台在《物联网 2020》的报告中分析预测，物联网的发展将经历 4 个阶段：2010 年之前 RFID 被广泛应用于物流、零售和制药领域；2011—2015 年的物体互联；2015—2020 年物体进入半智能化；2020 年之后物体进入全智能化。

3) 物联网在日本的发展

2001 年以来，日本政府相继制定了"e-Japan"战略、"u-Japan"战略和"i-Japan"战略等多项信息技术发展战略，从大规模信息基础设施建设入手，拓展和深化信息技术应用。

(1) "e-Japan"战略。2001 年 1 月日本政府开始实施"e-Japan"战略。"e"是指英文单词"electronic"，译为"电子的"。"e-Japan"战略在宽带化、信息基础设施建设、信息技术的应用普及等方面取得了进展。

(2) "u-Japan"战略。2004 年 12 月日本政府颁布"u-Japan"战略。"u"是指英文单词"ubiquitous"，译为"普遍存在的，无所不在的"。"u-Japan"战略是希望建成一个在任何时间、任何地点，任何人都可以上网的环境，实现人与人、物与物、人与物之间的连接。

(3) "i-Japan"战略。2009 年 7 月日本政府颁布"i-Japan"战略。"i"有两层含义：一个是指信息技术像用水和空气一般将融入(inclusion)日本社会的每一个角落；另一个是指创新(innovation)，激发日本经济社会新的活力。"i-Japan"战略提出"智慧泛在"构想，将传感网列为日本的国家重点战略之一，致力于构建个性化的物联网智能服务体系。

4) 物联网在韩国的发展

2006 年，韩国也提出了"u-Korea"战略，重点支持泛在网的建设。"u-Korea"战略旨在布建智能型网络，为民众提供无所不在的便利生活，扶持 IT 产业，发展新兴技术，强化产业优势和国家竞争力。

2009 年 10 月，韩国通信委员会出台了《物联网基础设施构建基本规划》，该规划确定了构建物联网基础设施、发展物联网服务、研发物联网技术和营造物联网扩散环境四大领域。该规划确立了韩国 2012 年"通过构建世界最先进的物联网基础设施，实现未来广播通信融合领域超一流信息通信技术强国"的目标。

3. 物联网在中国的发展

中国物联网的发展取得了重大进展，下面主要从应用、政策等方面进行介绍。

1) 金卡工程

2004 年，中国把 RFID 技术的应用列为"金卡工程"的重点工作，启动了 RFID 的应用试点。中国是以 RFID 的广泛应用作为全国物联网发展的基础。中华人民共和国工业和信息化部(以下简称工信部)介绍：RFID 是物联网的基础，先抓 RFID 的标准、产业和应用，把这些做好了，就自然而然地会从闭环应用过渡到开环应用，形成中国的物联网。

2004 年以后，中国每年都推出新的 RFID 应用试点，项目涉及身份识别、电子票证、动物和食品追踪、药品安全监管、煤矿安全管理、电子通关与路桥收费、智能交通与车辆管理、供应链与现代物流管理、危险品与军用物资管理、贵重物品防伪、票务及城市重大活动管理、图书及重要文档管理、数字化景区及旅游等。

2) RFID 行业应用

2008 年年底，中国铁路 RFID 应用已基本涵盖了铁路运输的全部业务，成为中国应用 RFID 最成功的案例。中国铁路车号自动识别系统是国内最早应用 RFID 的系统，也是应用 RFID 范围最广的系统，并且拥有自主知识产权。采用 RFID 技术以后，铁路车辆管理系统实现了统计的自动化，降低了管理成本，可实时、准确、无误地采集机车车辆的运行数据，如机车车次、车号、状态、位置、去向和到发时间等信息。

2010 年，上海世博会召开，为提高世博会的信息化水平，上海市在世博会上大量使用了 RFID 系统。例如，使用了嵌入 RFID 技术的门票，用于对主办者、参展者、参观者和志愿者等各类人群的信息服务，包括人流疏导、交通管理和信息查询等。上海世博会期间，相关水域的船舶也安装了船舶自动识别系统，相当于给来往船只设置了一个电子身份证，没有安装电子身份证的船舶将面临停航或改航。世博会在食品管理方面也使用了电子标签，以确保食品的安全，只要扫描一下电子标签，就能查到世博园区内任何一种食物的来源。事实上，RFID 在大型会展中的应用早已得到验证，早在 2008 年的北京奥运会上，RFID 技术就已得到广泛应用，有效地提高了北京奥运会的举办水平。

3) 中国掀起物联网高潮

2006 年，《国家中长期科学和技术发展规划纲要(2006—2020 年)》将物联网列入重点研究领域。2009 年 9 月，"传感器网络标准工作组成立大会暨'感知中国'高峰论坛"在北京举行。2010 年 3 月，教育部办公厅下发《关于战略性新兴产业相关专业申报和审批工作的通知》，国内高校开始创办物联网工程专业。2010 年 9 月，国务院总理温家宝主持召开国务院常务会议，审议并原则通过《关于加快培育和发展战略性新兴产业的决定》，确定物联网等新一代信息技术成为我国七个战略性新兴产业之一。2015 年 7 月，国务院印发《关于积极推进"互联网+"行动的指导意见》，"互联网+"将在协同制造、现代农业、智慧能源、普惠金融、益民服务、高效物流、电子商务、便捷交通、绿色生态和人工智能方面开展重点行动，这将进一步加快我国物联网的发展。

4. 物联网进入 2.0 时代

2017 年，物联网产业界出现了一个新名词——物联网 2.0。随着人工智能、大数据、云计算和 5G(第五代移动通信)等的发展不断完善,"物联网"的概念从提出到发展,从实践到创新,已经悄然迈入到物联网 2.0 时代。

1) 对物联网认知的统一

物联网 2.0 时代的一个明显特征是对各种技术认知的统一,云计算、大数据、智能硬件和人工智能等领域的企业开始认可自己是物联网产业链的一个环节。

2011—2018 年,从云计算企业到智慧城市企业,从移动互联网企业到大数据企业,从智能硬件企业到人工智能企业,几乎每年都有新企业引领新技术的诞生。但是,当时这些主流企业并不认可物联网,认为自己企业所在领域的技术才是未来的新技术,并且认为物联网技术已不适应时代的发展。直到 2017 年,物联网产业界出现了一个新名词——物联网 2.0,业界终于对物联网的认知进行了统一。

2) 物联网 2.0 的特征

(1) "物联网即服务"的落地。既然称为物联网 2.0 时代,当然是比物联网 1.0 时代有明显进步的。物联网 2.0 时代的一个明显特征就是"物联网即服务"的落地。在物联网 1.0 时代,并没有真正从服务的角度去考虑物联网,以物联网产业为例,反而把"感知"等当成了物联网产业的核心。

(2) 物联网呈现局域化、功能化和行业互联化。物联网的"人联物""物联物"都具有局域化、功能化和行业互联化,这形成了对物联网的具体需求,并逐渐成为行业标准。

(3) 物联网平台。物联网要通过服务的方式落地,此时承担落地职责的便是物联网平台企业。在互联网时代,平台企业数量多,现在每年都在评选互联网百强企业。到了物联网时代,平台企业只会更多,平台的属性和规模也会各异。物联网平台原则上必须至少具备三种能力:设备联接能力、大数据处理能力和人工智能能力。

(4) 物联网技术设备升级。物联网是建立在传感技术、通信技术和计算机技术的支撑之上的,每一个大的技术版块下都有很多细分的技术领域,这些技术领域的创新带来了物联网技术设备的升级。例如,在感知层将传感器升级为"传感器 + 执行器",传感器相当于"眼",执行器相当于"手",使"眼和手"能够协调一致,发挥更大的作用。物联网网络支撑技术也在充分发展、百花齐放。为物联网应用而设计的低功耗广域网(LPWAN)快速兴起,其中,技术标准 NB-IoT(Narrow Band Internet of Things,窄带物联网)和远距离无线电(LoRa)是两种低功耗广域网通信解决方案,克服了主流蜂窝标准中功耗高和距离限制的问题。

(5) 物联网的安全性引起重视。自"物联网的安全性"这一概念被提出以来,备受人们关注。今后,物联网的安全性将成为一个相对独立的研究领域,并得到足够的重视与发展。

3) 物联网 2.0 发展现状

(1) 物联网技术标准。过去的物联网技术设备在技术实现方面还存在很多不足,物联网的行业应用场景也不同,各公司都有自己的系统和应用平台,还有一些联盟想制定物联网设备的通信标准,导致标准和系统无法统一。如今,移动物联网已形成由 NB-IoT、eMTC(增强型机器类通信)和 5G 等共同构成的技术体系,形成了标准体系间的互联互通。我国开始了全球最大的 NB-IoT 网络的筹建,将在全网部署 30 万个 NB-IoT 基站。华为公司也先后发布了 NB-IoT 和物联网操作系统 LiteOS 解决方案。

(2) 物联网产业环境。在物联网 1.0 时代，物联网相关产业的结构与链条并不完整。未来几年，物联网将迎来井喷式发展，物联网的广泛应用将不仅改造、提升传统产业，促进先进制造业的发展，也将培育发展新兴产业，促进现代服务业的发展。目前，我国已初步形成涵盖芯片、模组、系统和平台在内的移动物联网产业体系，在工业自动控制、环境保护、医疗卫生和公共安全等领域设立了一系列应用示范试点，并取得了进展。

(3) 物联网应用场景。物联网发展的关键在于应用，人们从最初"只知技术、不明用途"的探索性阶段，到如今已明确认识到这一新技术能应用到什么领域、解决什么问题。2017 年，我国开始流行共享单车，用户只需拿出手机扫描单车上的二维码，便可打开智能锁骑行，这些智能锁使用的就是物联网技术。随着物联网技术的发展，共享单车、数字眼镜、儿童跟踪器和智能手表等相继出现。

物联网 2.0 要求各行各业都能以行业应用为切入点，提出解决方案，通过人工智能、大数据、云计算和 5G 等技术，不断提升人工智能的水平，完善语言助手技术，加强物联网的安全性与信任感，使操控方式迭代升级。

8.2　辨析物联网与互联网、泛在网

8.2.1　物联网与互联网

物联网的传输通信保障为互联网。从应用层面解析物联网与互联网的关系，物联网是应用。相较于互联网的全球性，物联网具有行业性；互联网是将网络互联，物联网是互联物品；互联网的重点是互联，物联网的重点在于应用。物联网具备三大特征：联网的每一个物体均可寻址，联网的每一个物体均可通信，联网的每一个物体均可控制。

物联网是互联网的下一站。物联网更像是互联网的延伸和扩展，物联网的含义更为广泛，它连接的是物与物，而物是非智能的，物联网的发展与互联网的发展并行，且相互影响。

8.2.2　物联网与泛在网

物联网的发展方向是泛在网(见图 8-2)。泛在网是一个大通信概念，它并不是一个全新的网络技术，而是在现有技术基础上的应用创新，直至无所不在，无所不容，无所不能。如果说通信网和互联网发展到今天解决的是人与人之间的通信，物联网则要实现的是物与物之间的通信，泛在网将实现人与人、人与物、物与物之间的通信，覆盖传感器网络、物联网和已经发展中的电信网、互联网、移动互联网等。虽然物联网、泛在网的出发点和侧重点不完全一致，但其目标都是突破人与人之间的通信模式，建立人与物、物与物之间的通信新模式。

图 8-2 泛在网

8.2.3 网络融合

随着中国物联网战略的实施,未来业务的发展和新布局将是在物联网和互联网的融合应用,当前流行的 "互联网+"便是网络融合发展的产物。2010 年,国家提出的三网融合是指电信网、广播电视网和互联网通过特定的网络协议实现的融合,是网络实体的互联互通,最终提供给客户一个个性化、自动化和宽带化的网络。三网融合仅仅只是网络融合概念的冰山一角,在网络融合发展的过程中,还可以进行网络与计算机的融合,云计算就是这一融合的代表。4G(第四代移动通信技术)时代到来后,进行 4G 融合,将电信、计算机、电子消费和数字内容都融合于 4G 平台上。最终实现的是网络空间与物质世界融合,也就是物联网。构建无所不在的信息社会已成为全球趋势,物联网是进一步发展的桥梁,从"e"社会的人人互联到"u 社会"的人物大互联需要硬件、软件和服务的演进,这是物联网带来的变化。网络融合将会带来广阔的发展空间,云计算、传感器技术等将会进一步嵌入我们的手机系统,未来几年或几十年,中国的物联网将会迎来新的机遇和挑战。

8.3 物联网体系结构

物联网被广泛应用在各行各业中,形成了各种各样的智能应用,改变了人们的生活方式。物联网解决的是一个系统论问题,物联网要让物体具有智慧,实质是使整个物理世界构成一个有机整体,形成一个巨大的系统,系统内每个要素协调有序发展,将更有利于人们的生活。认识物联网,首先应从了解物联网的体系结构开始,分析系统的结构和功能,并重点关注系统信息的获取、加工、处理、传输和控制,然后了解物联网应用背后的支撑技术。物联网的体系结构目前没有一个统一标准,国内外普遍采用层级体系结构对物联网系统进行描述;我国从构建产业生态链的角度出发,提出了物联网"六域模型"参考体系结构。

8.3.1　物联网层级体系结构

目前普遍接受的三层物联网体系结构,从下到上依次是感知层、网络层和应用层,体现了物联网的三个基本特征:全面感知、可靠传输和智能处理,如图 8-3 所示。

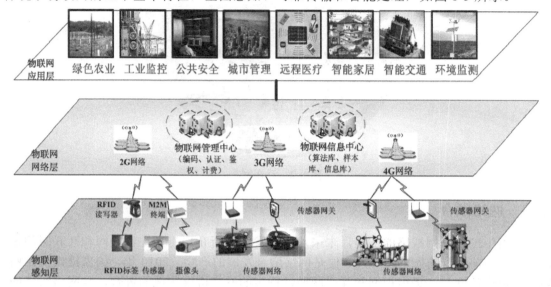

图 8-3　物联网层级体系结构

1. 感知层——全面感知,无处不在

感知层是物联网三层结构中最基础的一层,主要完成对物体的识别和数据的采集。在信息系统发展早期,大多数的物体识别或数据采集主要采用人工输入的方式,此方式不仅数据量和劳动量十分庞大,错误率也非常高。自动识别技术的出现,解决了手动键盘输入带来的缺陷,相继出现了条码识别技术、光学字符识别技术、卡识别技术、生物识别技术和射频识别技术。传感技术不仅能够让人们知道物品是什么,还能够让人们知道其所处的环境。自动识别技术和传感技术相结合,可以"让物说话"。

具体来说,感知层涉及的信息采集技术主要包括:传感器、射频识别、多媒体信息采集、微机电系统(MEMS)、条码和实时定位等。感知层的组网通信技术主要实现传感器、射频识别等数据采集技术所获取数据的短距离传输和自组织组网。感知层的传输技术包括有线和无线两种方式,有线方式包括现场总线、仪表总线、开关量、PSTN 等传输技术;无线方式包括红外感应、WIFI、ZigBee、近场通信(NFC)、WiMedia 等和专用无线系统等传输技术。

2. 网络层——智慧连接,无所不容

物联网的网络层,利用各种接入及传输设备将感知到的信息进行传送。这些信息可以在现有的电网、有线电视网、互联网、移动通信网以及其他专用网中传送。这些已建成的和在建的通信网络构成了物联网的网络层。网络层涉及不同网络传输协议的互通、自组织通信等多种网络技术,还涉及资源和存储管理技术。发展阶段的网络层技术基本能够满足物联网数据传输的需求,但仍需要不断针对物联网新的要求进行网络层技术优化。

3. 应用层——广泛应用，无所不能

应用层如同人的大脑，负责将收集到的信息进行处理，并做出相应的"回应"。应用层通过处理感知数据，为用户提供丰富的服务。应用层主要包括物联网应用支撑子层和物联网应用子层。其中，物联网应用支撑子层支撑跨行业、跨应用、跨系统之间的信息协同、共享和互通，包括基于 SOA(面向服务架构)的中间技术、信息开发平台技术、云计算技术和服务支撑技术等；物联网应用子层包括智能交通、智能医疗、智能家居、智能物流、智能电力和工业控制等应用技术。因为应用层与实际的行业需求是结合的，这就要求物联网与很多行业专业技术融合。

8.3.2 物联网"六域模型"参考体系结构

物联网三层体系结构，是让大众认识物联网的最简单方式。随着物联网的迅速发展，物联网应用范围日益广泛，对各个行业的渗透性和影响愈加深远，但是具体到每个行业，应用的需求差异性又很大。从物联网建设和标准制定出发，物联网技术标准工作组着重在物联网的业务和应用上提出了物联网"六域模型"参考体系结构，如图 8-4 所示，力求对物联网的框架进行更具体、更全面的分析。

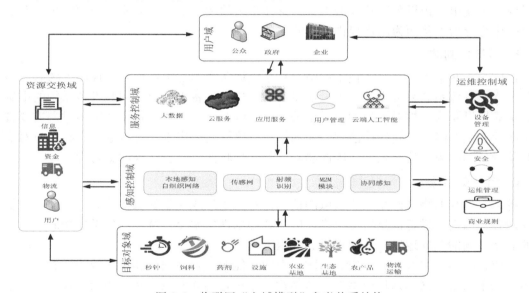

图 8-4　物联网"六域模型"参考体系结构

物联网"六域模型"参考体系结构具体包括用户域、目标对象域、感知控制域、服务控制域、运维控制域及资源交换域。

1. 用户域

设计物联网系统之前，需要先理清相关用户及用户需求。物联网不是单纯的技术问题，其源头是用户需求。用户在生产过程中发现其对物理世界信息的了解不够，而这些信息的需求就是物联网系统设计的方向。物联网的第一域是通过定义用户域来识别用户对物理世界的感知和控制两个大类的需求。

2. 目标对象域

通过用户域定义了用户需求，该需求便映射了某物理对象以及所需的信息参数。该物理对象并非指感知设备，而是指物理世界的实体对象。传感器、射频识别等设备只是手段，帮助将物理对象接入网络系统。

3. 感知控制域

根据所需对象信息，明确需要用什么设备与物理对象绑定以及实现设备系统之间的协调，达到获得数据的目的。该域类似层级结构中的感知层，但该域完整地定义了前端实际场景中能获得对象信息的感知控制系统，不仅包含了三层结构中感知层的"设备"，而且包含了网络层的相关"设备"。比如，若要获得智能家居中的环境信息，就要明确使用什么样的传感器，将其布置在房间中的什么位置，这些设备应该怎样协同工作，是否需要其他设备的配合等。

4. 服务控制域

服务控制域对应三层结构中的应用层，但更注重对专业信息的处理。大量的设备和物理对象绑定后会源源不断地上传信息，这些信息存在异构性、差异性和非标准化，该域将这些信息进行分析、处理和存储，以实现最重要的专家系统分析与服务集成。例如，虚拟现实中使用穿戴设备所获取的大量与身体相关的运行信息，需要一个专家平台对这些数据进行分析，从而为用户提供专业的服务。

5. 运维控制域

该域分为两个层次。一是技术层面，对系统运营商的运维进行管理控制。物联网涉及各个行业，体系愈来愈庞大，大量信息都需要借助设备来获取，因此设备系统的准确性、可靠性以及安全性对信息的质量至关重要。因此，当大量设备广泛应用时，需要技术层面的安全保障。二是法律法规层面的管控。物联网作用于实体对象，存在大量对实体对象管理和约束的法律条文，因此物联网的管理将面临对新法规的新管理。

6. 资源交换域

各部门自身的物联网系统所获取的信息，不足以形成完整的服务信息。因此，需要物联网各部门之间进行信息资源交换，即需要外部性资源交换域，具体考虑物联网六个域的商业主题的关联逻辑，进而提供高效服务。

目前，在环保、医疗、纺织、消防、农业、能源、食品安全和家居等应用领域，均逐步开始采用物联网"六域模型"参考结构体系进行物联网应用系统的顶层设计，并取得了一定效果。这一架构还会在应用实践中不断丰富和完善。

物联网"六域模型"参考体系结构着重从物联网的业务和应用上分析物联网的架构。将三层结构中的感知层向前延伸，定义了用户域，从而将需求纳入到物联网范畴，理清了用户对物理世界的感知和控制两大类的需求。同时，物联网"六域模型"参考体系结构增加了运维管控域和资源交换域，弥补了三层架构覆盖不全面的问题。随着物联网的大规模应用，依托无人操作来管理设备获得对象信息，这些设备的有效性直接决定了所获得的信息和服务的有效性。因此，独立界定整个物联网的运维管控域显得极为重要，既从技术层面保证了系统的稳定性，又从法律法规层面监管物联网的运行。对于物联网形成的服务，仅依靠前端设备所获得的信息和提供的服务不能完全满足用户的需求，应结合原有的系统，形成资源交换域，构成物联网真正的生态系统。

8.4　物联网关键技术

物联网的各个层面相互关联，每个层面都有很多技术支撑，并随着科技发展将不断涌现新技术。每个层面都有其相对的关键技术，掌握这些关键技术及其相互关系，会更快地促进物联网的发展。

8.4.1　感知层——感知与识别技术

物联网的感知层相当于人类眼睛、鼻子、耳朵、嘴巴、四肢的延伸，融合了视觉、听觉、嗅觉和触觉等器官的功能。目前，物联网感知事物信息的"五官"，主要是靠感知层的四大技术，即射频识别技术(RFID)、传感器技术、激光扫描技术和定位技术。而"五官"感知到事物信息，要能传入到"大脑"，还必须依靠嵌入式系统和物联网操作系统等相关技术。

1. 射频识别技术

在感知层的感知技术中，RFID 居于首位，是物联网的核心技术之一。

射频识别系统如图 8-5 所示，由电子标签和读写器组成。读写器自动读取标签中的信息，完成自动采集工作。

图 8-5　射频识别系统

2. 传感器技术

如果把 RFID 看作物联网的"眼睛"，那么传感器就是物联网的"皮肤"。利用 RFID 实现对物体标识，而利用传感器则可以实现对物体状态的把握。传感器能够感知采集外界信息，如温度、湿度等，并将其传送给物联网的"大脑"。常用的传感器如图 8-6 所示。

图 8-6　常用的传感器

3. 激光扫描技术

　　除了 RFID 和传感器以外，激光扫描技术也很常见。目前应用最广泛的是条码技术，如一维条码和二维条码，分别如图 8-7 和图 8-8 所示。扫码器如图 8-9 所示。

图 8-7　一维码　　　　　　图 8-8　二维码　　　　　　图 8-9　扫码器

4. 定位技术

　　定位技术也是重要的感知技术之一。利用定位卫星在全球范围内进行实时定位、导航的系统，称为全球卫星定位系统(Global Positioning System，GPS)。GPS(见图 8-10)起始于 1958 年美国军方的一个项目，1964 年投入使用。20 世纪 70 年代，美国陆海空三军联合研制开发了新一代卫星定位系统 GPS，主要目的是为陆海空三大领域提供实时、全天候和全球性的导航服务，并用于情报收集、核爆监测和应急通信等一些军事项目。经过 20 多年的研究实验，耗资 300 亿美元，于 1994 年全部建成。北斗卫星导航系统(简称北斗系统)(如图 8-11 所示)是中国着眼于国家安全和经济社会发展需要，自主建设、独立运行的全球卫星导航系统，是为全球用户提供全天候、全天时、高精度的定位、导航和授时服务的国家重要时空基础设施。20 世纪后期，中国开始踏入探索适合国情的卫星导航系统发展道路，逐步形成了三步走发展战略：2000 年年底，建成北斗一号系统，向中国提供服务；2012 年年底，建成北斗二号系统，向亚太地区提供服务；2020 年，建成北斗三号系统，向全球提供服务。

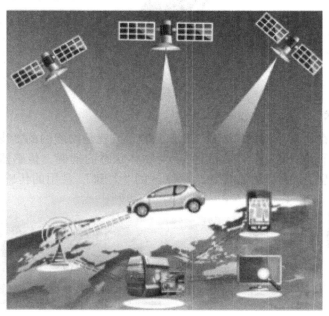

图 8-10　GPS 示意图

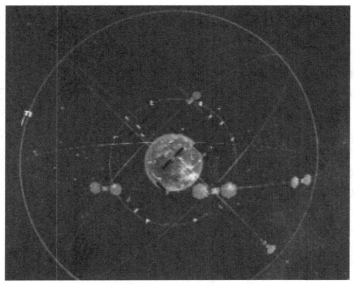

图 8-11　北斗系统

5. 嵌入式系统技术

物联网是物物相联的网络。在物联网中，嵌入式系统是传感器等感知设备接入网络的中介，也是直接控制物理对象的触发器。嵌入式系统技术在物联网搭建的智能化舞台中扮演重要角色，是物联网的关键技术之一。

嵌入式系统(Embedded System)(如图 8-12 所示)是一种完全嵌入受控器件内部，为特定应用而设计的专用计算机系统。所有带有数字接口的设备，如手表、微波炉、录像机和汽车等都应用了嵌入式系统。

图 8-12　嵌入式系统

IEEE 对嵌入式系统的定义为：用于控制、监视或者辅助操作机器和设备的装置。嵌入式系统是软件和硬件的综合体，还可以覆盖机械等附属装置。国内普遍认同的嵌入式系统定义为：以应用为中心，以现代计算机技术为基础，软硬件可裁剪，适应应用系统对功能、可靠性、成本、体积和功耗等严格要求的专用计算机系统。专用计算机与个人通用计算机的不同之处在于，嵌入式系统通常执行的是带有特定要求的预先定义任务。嵌入式系统只针对带有特定要求的预先定义任务，设计人员能够对其进行优化，减小嵌入式微处理器和存储器等硬件设备的尺寸，从而降低成本。

一个嵌入式系统一般由嵌入式计算机系统和执行装置组成，如图 8-13 所示。嵌入式计算机系统是整个嵌入式系统的核心，由硬件层、中间层、系统软件层和应用软件层组成。执行装置也被称为被控对象，它可以接受嵌入式计算机系统发出的控制命令，执行所规定的操作或任务。执行装置可以很简单，如手机上的一个微小型电机，当手机处于震动接收状态时打开；也可以很复杂，如 SONY 智能机器狗，上面集成了多个微小型控制电机和多种传感器，从而可以执行各种复杂的动作，并且能感受各种状态的信息。

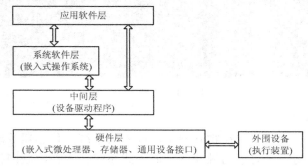

图 8-13　嵌入式系统结构示意图

嵌入式系统的应用非常广泛，我们时时刻刻都能接触到嵌入式产品，如手机、掌上电脑、洗衣机、电冰箱和汽车等。嵌入式系统已经在很多领域如国防、工业控制、通信、办公自动化和消费电子领域等得到了广泛应用。

6. 物联网操作系统

感知层由各种各样的传感器、协议转换网关、通信网关、智能终端、刷卡机和智能卡等终端组成。物联网操作系统是运行在这些终端上，对终端进行控制和管理，并提供统一编程接口的操作系统。

与传统的个人 PC 或个人智能终端(智能手机、平板电脑等)上的操作系统不同，物联网操作系统是为了更好地服务物联网应用，使运行物联网操作系统的终端设备能够与物联网其他层次结合更加紧密，数据共享更加顺畅，从而大大提高物联网的生产效率。

物联网的关键是应用。物联网操作系统除具备传统操作系统的设备资源管理功能外，最大的功能是屏蔽了物联网硬件设备的碎片化，并提供统一的编程接口，从而使人们能更专注于物联网应用软件的设计与开发。

在物联网中，硬件设备配置多种多样，不同的应用领域差异很大，从小到只有几十Kb 内存的低端单片机，到有数百 MB 内存的高端智能设备。传统的操作系统无法适应这种"广谱"硬件环境，如果采用多种操作系统，由于架构的差异，无法提供统一的编程接口和编程环境，这就是物联网的"碎片化"特征，制约了物联网的发展和壮大。

物联网操作系统充分考虑这些碎片化的硬件要求，通过合理设计，使得操作系统本身具备很强的伸缩性，能够很容易应用到这些硬件上。同时，对上层提供统一的编程接口，屏蔽物理硬件的差异。同一个 APP，可以运行在多种不同的硬件平台上，只需要这些硬件平台运行物联网操作系统即可。这如同智能手机，同一款 APP，比如微信，既可以运行在一个厂商的低端智能手机上，又可以运行在硬件配置完全不同的另一个厂商的高端手机上，只需要这些手机提前安装 Android 操作系统即可。

8.4.2　网络层——通信与网络技术

物联网的网络层建立在现有的通信网络、互联网和广电网基础之上，将感知层采集的信息通过各种接入设备与网络相联，实现物体信息传输。从信息传输方式看，可以分为有线通信技术和无线通信技术。

1. 有线通信技术

有线通信技术是指利用有线介质传输信号的技术。有线通信网络的物理特性和相继推出的有线技术，不仅使数据传输速率得到进一步提高，而且使其他信息传输过程更加安全可靠。有线通信技术可分为短距离的现场总线(包括基金会现场总线、现场总线、Profibus 总线和 CAN 总线等)和中、长距离的广播网络(包括 PSTN、ADSL、HFC 和 Cable 等)两大类。

2. 无线通信技术

无线通信技术是指利用无线电磁介质传输信号的技术。无线通信网络是计算机技术与无线通信技术结合的产物，它通过提供使用无线多址信道的一种有效方法支持计算机之间的通信，为通信的移动化、个性化和多媒体化应用提供了潜在的手段。

典型的无线网络技术由 WIFI、蓝牙等无线局域网络技术和 3G、4G 和 5G 等移动通信网络以及近几年来新出现的一些低功耗广域网络技术例如 NB-LoT、LoRa 等技术组成。

8.4.3　应用层——数据存储与处理技术

应用层是物联网与行业专业技术的深度融合，其与行业需求结合，实现广泛智能化。物联网应用层利用经过处理的感知数据，为用户提供丰富的特定服务，以实现智能化的识别、定位、跟踪、监控和管理。这些智能化的应用覆盖了物流监控、污染监控、智能检索、远程抄表、智能交通、智能家居、路灯控制、手机钱包和高速公路不停车收费等各个领域。

应用层分为应用支撑平台子层和应用服务子层，所涉及的技术非常广泛，例如云计算、中间件、物联网应用和信息处理等。

在应用支撑平台子层，中移物联网有限公司在 2014 年 11 月发布了物联网开放平台——OneNET。该平台是基于物联网技术和产业特点打造的开放平台和生态环境，为各种跨平台物联网应用、行业解决方案提供简便的云端接入、海量存储、计算和大数据可视化服务，从而降低物联网企业和个人(创客)的研发、运营和运维成本，使物联网企业和个人(创客)更加专注于应用，共建以 OneNET 设备云为中心的物联网生态环境。OneNET 使用场景示意图如图 8-14 所示。

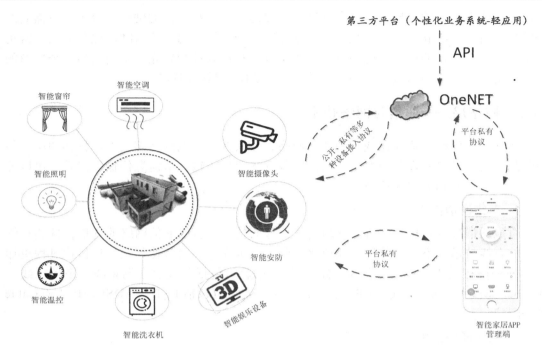

图 8-14　OneNET 使用场景示意图

　　OneNET 平台一方面通过适配各种网络和协议来支持各类传感器和智能硬件的快速接入和大数据服务，另一方面通过丰富的 API 和应用模板支持各类智能硬件和行业应用的开发，能够有效降低各类物联网应用开发和部署成本，满足物联网领域设备连接、协议适配、数据存储、数据安全和大数据分析等平台级服务需求。

　　目前，OneNET 平台已经接入 500 多家企业级客户，并与业界众多厂商建立合作关系，包括奇虎 360、华为、浪潮、IBM、Intel、Sierra、中外运、积成电子和三川水表等企业，旨在共同推动物联网领域的标准化和产业化。

8.5　物联网应用

　　随着物联网技术的发展，各种物联网的应用系统逐渐走进人们的日常生活，比如智能交通中的 ETC(Electronic Toll Collection，电子不停车收费)系统、自动驾车导航系统、智慧农业中的智能蔬菜大棚系统、智能物流中的智能仓库管理系统等。

8.5.1　物联网行业应用领域概述

　　虽然物联网近几年才走进我们的视野，但其前身传感器网络已经有几十年的发展历史，只不过随着当今网络以及各种应用技术发展的相对成熟，物联网才威力尽显，开始大展身手。目前物联网在绿色农业、工业生产、智能物流、智能电网、智能家居、智能医疗、智能交通、城市公共安全等领域，都能提供丰富的应用，如图 8-15 所示。

图 8-15 物流网主要的行业应用领域

在农业方面，物联网的应用最为广泛。在智能蔬菜大棚中，通过对农业生产中最为关键的温度、湿度、CO_2 含量、土壤温度和土壤含水率等数据信息进行实时采集与分析，为从事农业生产的客户提供实时数据，方便其对蔬菜大棚环境的控制。

在智能交通方面，ETC 不停车收费系统通过安装在车辆挡风玻璃上的电子标签与在ETC 车道上的设备通信，实现自动计费、扣费和放行等功能，以达到车辆通过收费站时不需要停车就能缴纳路桥费的目的。

在智能电网领域，远程抄表系统可以实时可靠地进行三表(电表、水表和燃气表)数据远程抄收，不仅免去了人工抄表统计带来的各种困难，而且用户可以实时查询数据，也有利于节能减排。

智慧城市将城市本身视为一个生态系统，城市中的市民、交通、能源、商业、通信和水资源等构成一个个子系统，这些子系统形成一个普遍联系、相互促进、彼此影响的整体，使城市不同部门和系统之间实现信息共享和协同作业，以便政府管理部门能够更合理地利用资源，作出更好的城市发展和管理决策，及时预测和应对突发事件和灾难。

8.5.2　探索智能物流

1. 智能物流的概念

智能物流就是智能化的物流系统。具体来说，其利用先进的物联网技术，通过信息处理和网络通信技术平台服务物流业中的运输、仓储和配送等环节。目标是实现整个物流供应链的自动化与智能化，从而提高物流行业的服务水平，降低成本，减少自然资源和社会资源消耗的创新服务模式，如图 8-16 所示。

图 8-16　智能物流系统

智能物流系统主要包括自动化仓储系统、自动化搬运系统和自动化分拣系统等。相比传统的物流方式，智能物流系统能够满足货物品种多、数量大、效率高、与自动化生产线对接和可用于危险环境等多种需求。信息化、自动化、网络化、集成化和智能化是智能物流的典型特征。

1）信息化

智能物流运用现代信息技术，对物流过程中产生的仓储、运输、加工、包装和装卸等信息进行采集、分类、传递、汇总、识别、跟踪和查询等一系列处理操作，实现对货物流动过程的控制，从而降低运营成本、提高效率。信息化是智能物流的灵魂，是智能物流发展的必然要求和基石。

2）自动化

物流自动化是指物流作业过程的设备和设施自动化，例如自动识别、自动检测、自动分拣、自动存取和自动跟踪等系统。

3）网络化

网络的应用使物流信息能够以低廉的成本即时传递，物流企业能够通过完善的物流信息管理系统即时安排物流过程，实现物流行业的升级和物流的现代化。

4）集成化

对物流系统的功能、资源、信息、网络要素及流动要素等进行统一规划、管理和评价，从而实现整体运行、整体优化的目的。

5）智能化

智能化是自动化、信息化的一种更高层次应用，通过智慧物流园区、智能化仓储管理系统、配送网络和分拨调配系统来提升物流企业的信息管理和技术应用能力。

2. 智能物流体系结构

智能物流是物联网技术应用于物流领域的体现，其层次体系结构主要分为基础设施层、技术标准层、支持系统层和应用服务层。其中，基础设施层对应物联网层次体系结构中的感知层，技术标准层和支持系统层对应物联网层次体系结构中的网络层，应用服务层对应物联网层次体系结构中的应用层。

1) 基础设施层

基础设施层主要包括网络通信设施,负责网络安全、企业信用认证和数字身份认证。基础设施层的完善是智能物流发展的前提,包括对物流设施,如仓储、线路和站台等的管理;对物流设备,如各种运输工具、自动分拣机和自动引导搬运车等的管理;对网络进行维护,如网络设备管理、操作系统维护和病毒防范等。

2) 技术标准层

技术标准层主要负责分类编码和共享协议,搭建电子数据交换中心和创新结算支付方式。技术标准层是智能物流广泛应用的必要条件,包括网上支付,如网银、支付宝和微信等支付方式;对物流资源的管理,如仓储、人力、运力等资源管理;可作为电子数据交换中心,方便环保、交管和税务等政府职能部门进行数据交换。

3) 支持系统层

支持系统层主要有海关电子口岸系统、出入境检验检疫系统、道路交通保障系统和智能交通系统等。支持系统层是智能物流发展和应用的基石。智能交通系统是智能物流系统的基础,其主要为智能物流提供定位、应急通信调整、防盗和信息传输等服务,具有先进的导航系统、交通管理优化系统、公共交通辅助系统、紧急车辆辅助系统、行人引导辅助系统、货车运营管理系统、高速公路管理系统、安全驾驶辅助系统和电子收费系统等。车辆调度系统是智能物流的核心,实现及时、准确、全面地掌握运输车辆信息,整体提高智能物流的信息化水平,数字数据专线将信息传输给路由器,路由器将信息转发给 GPRS 网关和短消息服务中心,GPRS 网关将信息通过 GPRS 网络传输给 GPRS 基站,从而对车辆进行调度。短消息服务中心将信息传输给无线交换机,无线交换机将信息传输给各个 GPRS 基站,调度不同地方车辆。

4) 应用服务层

应用服务层主要有短信业务服务系统、电子商务服务系统、物流决策与协调系统和车辆定位监控系统等。应用服务层是智能物流面向用户、企业或者政府的重要接口,是其应用的具体体现,主要有综合信息服务系统,实现信息的发布(如货运、仓储和政府相关政策等信息),信息查询(为企业、用户和政府部门提供信息的查询服务),在线服务提供在线物流查询、在线调查和行业分析等服务;车辆定位监控系统,为车辆提供定位监控服务和查看、分析车辆运行情况;物流决策与协调系统,能够对物流营运过程各环节(工厂生产、包装、运输、经销商、零售商和消费者等)的物流信息进行各种口径的统计与分析(用户群分析,用户忠诚度、转化率、渠道效果分析等),实现作业过程中异常情况处理。

3. 智能物流系统关键技术

智能物流在功能上要实现 6 个 "正确",即正确的货物、正确的数量、正确的地点、正确的质量、正确的时间和正确的价格,在技术上要实现物品识别、地点跟踪、物品溯源、物品监控和实时响应。智能物流的主要支撑技术有自动识别技术、数据挖掘技术、GIS 技术和 GPS 技术。

1) 自动识别技术

自动识别技术在仓储管理、运输管理、生产管理、物料跟踪、运载工具和货架识别等领域具有明显优势。自动识别技术是指应用一定的识别装置，通过被识别物品和识别装置之间的接近活动，自动地获取被识别物品的相关信息，并提供给后台的计算机处理系统来完成相关后续处理的一种技术。

自动识别技术可以实现物品跟踪与信息共享，赋予物体"智慧"，能够实现人与物体以及物体与物体之间的沟通与对话。自动识别技术通过对所有实体对象(零售商品、货运包装、集装箱和物流单元)配置唯一有效标识，有效解决了物流领域各项业务运作数据的输入与输出、业务过程的控制与跟踪等问题，减少了出错率。以 RFID 仓库管理系统为例，RFID 电子标签经过标签发卡器发卡授权，安装在托盘上，流水线固定式读写器对电子标签进行识别，对相应货物进行分拣，叉车读写器对电子标签进行识别，将货物运到指定位置，工人手持移动读卡器对货架进行定位，将货物装到对应的叉车上，在出入库时，利用固定式扫描天线或者读写器对货物进行再次确认。自动识别技术已在物流工程、物流管理、供应链管理和销售管理等方面得到了广泛应用。

2) 数据挖掘技术

数据挖掘技术贯穿于各个物流环节的管理中，是指从大量的、不完全的、有噪声的、模糊的和随机的数据中识别出有效的、新颖的、潜在有用的数据的技术；即从大量的物流数据中通过算法搜索出隐藏于其中的有用信息的技术。

数据挖掘技术在采购管理系统中，主要对供应商的信用进行评价和评级，对延迟交货原因和采购价格等进行分析；在库存管理系统中，主要对物品进行多维查询，对库存成本、短缺物品、库存量和贵重物品进行分析；在销售管理系统中，对退货情况、滞销商品和销售业绩进行分析，对过期商品进行预警；在运输管理系统中，主要对运输线路、司机效率、运输成本和运输绩效进行分析；在财务管理系统中，对供应商财务管理、账款管理和物流成本进行分析，对费用分类进行查询；在物流决策支持系统中，在数据仓库技术、运筹学模型构建的基础上能够及时地对商流、物流、资金流和信息流所产生的信息加以利用，实现对物流中心的资源综合管理，为决策提供科学依据，充分挖掘和利用零散信息，从而提高物流各环节工作的效率。

3) GIS 技术

GIS(Geographic Information Systems，地理信息系统)技术是打造智能物流的关键技术与工具，实现快速智能分单、网点合理布局、送货路线合理规划、包裹监控与管理，是一种特定的空间信息系统，是在计算机硬、软件系统的支持下，对整个或部分地球表层(包括大气层)空间中的有关地理分布数据进行采集、存储、管理、运算、分析、显示和描述的技术系统。

GIS 技术可以帮助物流实现基于地图的服务。网点标注是指将物流企业的网点及网点信息(地址、电话、提送货等信息)标注在地图上，便于用户和企业管理者快速查询。片区划分是从地理空间的角度管理大数据，为物流业务系统提供业务区划分管理基础服务，如划分物流分单责任区等，并与网点进行关联。快速智能分单是利用 GIS 地址匹配技术，搜索定位区划单元，将地址快速分配到区域及网点，根据该物流区划单元属性找到责任人实现最后一公里的配送。物流配送路线规划辅助系统用于辅助物流配送计划，通过科学业务模型与 GIS 专业算法合理规划路线，将物流企业的数据信息在地图上可视化，帮助物流企业获取更大的市场空间，保证货物快速到达，节省企业资源，提高用户满意度。

4) GPS 技术

GPS 技术能够实现智能物流各个环节的实时跟踪、定位和导航等功能，能够快速、高效、准确地提供点、线、面要素的精确三维坐标以及其他相关信息，具有全天候、高精度、自动化和高效益等特点。

GPS 技术是车辆实时定位最常见的解决方案。通过 GPS 定位卫星，实时动态掌握车辆所在位置，有助于物流控制中心在任意时刻查询车辆的地理位置并在地图上直观显示出来，帮助物流企业优化车辆配载和调度。GPS 技术是车辆实时定位最常见的解决方案。车辆实时定位也是搜索被盗车辆的一种辅助手段，这对运输贵重货物具有特别重要的意义。将 GPS 技术与移动通信技术相结合，可使用语音功能与司机进行通话或使用安装在运输工具上的液晶显示屏进行消息收发，驾驶员将需要了解的道路交通情况的请求和当前运行状况信息反馈到网络 GPS 工作站，管理人员确认后可传送相关信息，同时也能够了解与控制整个运输作业(如发车时间、到货时间、卸货时间、返回时间等)的准确性。

8.5.3 探索智能家居

智能家居是以住宅为平台，利用物联网技术、网络通信技术等将家居生活有关的设施集成，构建高效的住宅设施与家庭日常事务的管理系统，以提升家居安全性、便利性、舒适性和艺术性，并实现环保节能，如图 8-17 所示。

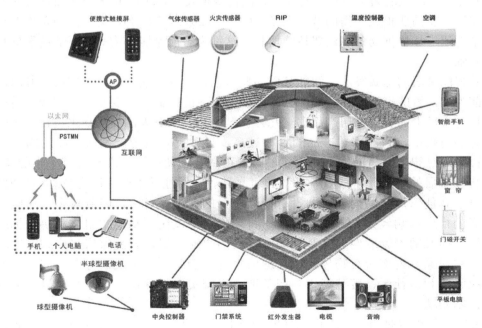

图 8-17 智能家居系统

智能家居通过物联网技术将家中各种设备连接在一起，提供家电控制、照明控制、电话远程控制、室内外遥控、防盗报警、环境监测、暖通控制、红外转发以及可编程定时控制等多种功能和手段。与普通家居相比，智能家居不仅具有传统的居住功能，还兼备建筑、网络通信、信息家电和设备自动化功能，提供全方位的信息交互功能。

智能家居的概念起源很早，但一直未有具体的建筑案例出现，直到 1984 年美国联合科技公司将建筑设备信息化、整合化概念应用于美国康涅狄格州的城市广场时，才出现了首栋"智能型建筑"，从此揭开了全世界争相建造智能家居的序幕。但真正对大众起到智能家居概念启蒙的是美国微软公司的创始人比尔·盖茨于 1997 年创建的智能豪宅。在国外，自从世界上第一栋智能建筑出现后，美国、加拿大、澳大利亚等经济比较发达的国家先后提出了各种智能家居的方案，但因不同国家的国情不同，智能家居的风格也不一样。美国智能家居偏重豪华感，追求舒适和享受，但其能耗很大，不符合现阶段世界范围内所提倡的低碳、环保的理念。德国智能家居继承了德国的朴素思想，注重基本的功能性，追求专项功能的开发与应用。日本智能家居以人为本，注重功能，兼顾未来发展与环境保护，比较讲究充分利用空间和节省能源。在我国，智能家居从人们最初的梦想到今天的真实落地，经历了一个艰难的过程，从总体看，智能家居在中国的发展经历了四个阶段，分别是萌发期、开创期、徘徊期和融合演变期，而如今正处于爆发期。智能家居作为一个新兴产业，目前市场消费观念还未形成，但随着智能家居市场推广普及的进一步落实，对消费者的使用习惯的培养，智能家居市场的消费潜力必然是巨大的，产业前景光明。正因为如此，众多企业纷纷加入到智能家居行业，有传统家居巨头如海尔、格力和美的等企业，甚至互联网巨头如百度、阿里、京东及小米等企业也宣布加入智能家居行列，各种智能家居终端产品不断问世，功能不断完善，质量不断提高，应用更加人性化。我国政府为了推动信息化、智能化城市发展，2013 年 8 月 8 日国务院发布《关于促进信息消费扩大内需的若干意见》(国发〔2013〕32 号)，提出大力发展宽带普及、宽带提速，加快推动信息消费持续增长。这都为智能家居、物联网行业的发展打下了坚实基础。

随着智能家居的迅猛发展，智能家居的概念已为大众所熟知，关注度持续升温，但是到目前为止，智能家居市场实际上并没有获得相应的效益，主要有以下问题。首先是价格，目前市场上的智能家居产品动辄几万甚至十几万，对大部分民众来说，在承受房贷等压力的前提下，智能家居产品的价格过高，导致民众对智能家居产品的需求并不大，尽管大众对智能家居的概念有所了解，但距离真正使用这些产品还有不小的差距；其次是智能家居的市场并不成熟，系统的可靠性、实用性并不强，还有待进一步发展；第三是目前智能家居产品的系统并没有一个统一的标准，对用户限制较多，这些都对智能家居的推广影响较大。未来智能家居将朝价格平民化、功能实用化和协议标准化方向发展，而且随着物联网尤其是移动互联网的快速发展，智能家居将成为家庭版的物联网，实现家庭内部所有物体的相互通信将是智能家居未来发展方向。同时，智能家居系统将与智慧社区、智慧城市和智慧地球系统实现无缝连接，兼容与以上大系统的无缝控制联动。

智能家居的出现是为了让人们更好地享受生活，让生活更加智能化，当主人走进入户大门时，智能锁自动打开，大门缓缓开启，同时主人最喜欢的歌曲从房间传出来，智能窗帘也根据外界阳光的强弱自动调整窗帘的遮光效果；到了晚间，智能家居系统自动调整室内的灯光，创造出轻松、浪漫的生活环境。智能家居系统如何实现这一目标，这涉及智能家居的系统结构。

依据业内普遍认可的物联网体系结构，智能家居系统也具有典型的物联网三层结构，即由感知层、网络层和应用层组成。其中，感知层主要实现各种家居对象的信息采集或控制，网络层主要实现家居对象间信息的传输，应用层主要提供各类智能家居应用服务。

1) 感知层

智能家居的感知层由终端设备和控制设备组成，其中控制设备涉及家庭环境感知设备、家庭电器、多媒体设备、安防报警设备、医疗设备和终端设备等。终端设备是各类家庭控制设备的控制与管理平台，如平板电脑、手机等。基于这些设备，智能家居系统感知层通过传感器技术、嵌入式技术和自动识别技术等实现对家居对象，包括人们所生活的家庭环境、设备和人本身信息的采集和获取，从而实现智能家居的全面感知，如图8-18 所示。

图 8-18 智能家居系统的感知层

2) 网络层

智能家居系统的网络层通过路由器、交换机、串口服务器、基站和"猫"等网络设备将感知层采集的各种数据传输到应用层，由于感知层感知设备和控制设备的多样性，智能家居系统通过各种网络接入技术实现信息传输，包括 GPRS/3G/4G/5G 等蜂窝网络、WiFi/ZigBee 等无线局域网或因特网等，最终实现智能家居的智慧连接，如图8-19 所示。

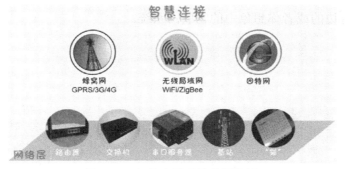

图 8-19 智能家居系统的网络层

3）应用层

　　智能家居系统的应用层将对从网络层获得的各种数据在高性能计算平台和大数据存储等设施的支撑下进行综合分析，并根据需求提供各类具体的智能家居服务，如家庭控制、智能电网、智能医疗、多媒体娱乐和家庭安防等，从而实现智能家居的广泛应用，如图 8-20 所示。

图 8-20　智能家居系统的应用层

本 章 习 题

1. 简述互联网与物联网的区别。
2. 简述物联网的本质特点。
3. 简述物联网的层次体系结构及功能。
4. 简述智能物流的典型特征。
5. 简述智能物流的系统结构功能。
6. 简述智能物流的关键技术。
7. 简述目前智能家居市场存在的问题。
8. 简述智能家居系统功能。
9. 查阅相关文献资料，简述物联网技术在新型冠状病毒肺炎疫情防控阻击战中的应用。
10. 描述你身边的或者你想象中的物联网系统。

第 9 章 人 工 智 能

 **本章概述**

  随着计算机技术的快速发展与广泛应用，计算机能否获得人类智力这一问题被不断提出。这就要求计算机不仅可以进行"数据处理"，同时也需要具备"知识处理"的能力。计算机处理问题能力范畴的不断变化是"人工智能"快速发展的重要原因。那么，什么是人工智能？千百年来，人类不断致力于创造超凡的机器，以尽可能地节省人们的时间、精力和体力。例如，轮船解决了人的越洋问题，飞机实现了人的腾空飞跃。然而，一台能够完全帮助人类节省脑力的机器，仍然只是一个梦想，是一种追求，而这便是人工智能的目标。本章主要阐述人工智能的概念、研究领域及方向，重点介绍机器学习及 KNN 算法，以及人工智能领域的典型应用。

学习目标

> **知识目标**

  ◇ 了解人工智能的概念、研究领域及方向；

  ◇ 了解人工智能的应用；

  ◇ 掌握机器学习的概念和 KNN 算法。

> **能力目标**

  ◇ 能够运用人工智能相关技术，参考典型应用案例，分析设计典型应用系统，解决实际问题。

> **素质目标**

  ◇ 启发学生对人工智能的兴趣，可以利用人工智能相关技术解决实际问题，培养知识创新和技术创新能力。

知 识 导 图

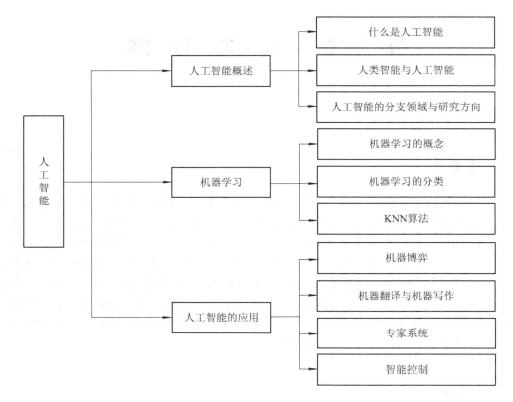

9.1　人工智能概述

9.1.1　什么是人工智能

　　人工智能，顾名思义就是人造智能(Artificial Intelligence，AI)。目前"人工智能"一词是指利用计算机模拟或实现的智能。因此，人工智能又被称为机器智能。当然，这只是对人工智能的一般解释。那么，如何准确地描述人工智能呢？实际上，关于人工智能的科学定义，学术界目前还没有统一的认识和公认的阐述。

　　2018年世界人工智能大会上有人提道：人工智能是技术，人工智能又不是具体的一项或几项技术，人工智能是认识外部世界、认识未来世界和认识人类自身，重新定义我们自己的一种思维方式，重新定义自己未来的一种生活方式。人工智能和我们所有人都有关。李开复曾说过，人工智能带来的变革很大，甚至不需要发明新的技术，优化已发明的技术用在各个行业，就可以取代50%的工作。

　　可以看出这些说法虽然都指出了人工智能的一些特征，但是却很难界定一台计算机到底是否智能。因为要判断一台机器是否智能，必然要涉及什么是智能。但目前对智能的定义却很难有人能给出准确的概念。这也是人工智能至今没有公认定义的根本原因。事实上，随着人工智能在实际生活中的不断发展，其定义也不断发展出新的内涵。人工智能算法不仅可以解决许多关于学习、感知、语言理解和逻辑推理等的问题，而且人工智能算法在搜索引擎、机器人控制等方面也有了更实际的应用。机器要实现人的"智能"，不仅需要计算机方面的技术，还要有数学的支撑。因此，人工智能不仅仅局限于计算机、信息和自动化学科，它还涉及智能科学、认知科学、脑神经科学、数理学科甚至经济学等众多学科领域。因此，人工智能实际上是一门综合性的交叉学科和边缘学科。

9.1.2　人类智能与人工智能

阿尔法狗(AlphaGo)是谷歌公司旗下 Deep Mind 团队开发的围棋智能机器人。2016年 3 月，阿尔法狗与围棋世界冠军李世石进行围棋人机大战，以 4 比 1 总比分获胜。2017年又以 3 比 0 战胜了当时世界排名第一的世界围棋冠军柯洁。阿尔法狗赢了柯洁，这能够说明计算机超越人脑了吗？其实不然，比如，一个不满周岁的宝宝在刚睡醒时，如果看见的是妈妈，孩子便会高兴得手舞足蹈、发出咿咿呀呀的婴语。但是如果看到的是陌生的面孔，孩子手舞足蹈的概率显然会降低。在识别母亲并能做出情感交流这件事情上，阿尔法狗是很难超过孩子的。我们相信，一台计算机也许可以轻松击败数学家，但即使拥有上万个高级处理器，这样的计算机在正确识别一位母亲身上的气味和情绪方面是不能和一个小孩儿相比较的。

人类智能就是人类认识世界和改造世界的才智和本领。小孩能够准确地找到母亲并进行交流就是人类智能的一种现象。人的大脑分为左右两个半球，左半脑擅长分析、逻辑、演绎和推理等理性抽象思维；右半脑擅长直觉、情感、艺术和灵感等感性形象思维。人类的智能依赖于人脑左右两个半球的生理功能，通过在复杂的社会环境中不断地学习和成长，能够实现对社会文化和意识领域的各种问题的判断，尤其是受人的情感、心态等主观意识影响的问题，这就是人类智能。

由此可以看出，无论阿尔法狗在围棋领域有着怎样超强的智慧，它和人类智能还是有着本质上的差别。人类智能与人工智能是完全不同的两个概念。

随着物联网和大数据的不断发展，我们在商场、医院和饭店等地方经常能够看见智能机器人服务生/智能机器人咨询等，这些智能机器人或智能系统能够根据实际场景和环境，按照设定的目标完成任务。因为机器不可能产生自己的情感，因此要智能机器人或人工智能系统和人类一样可以有自发的情感和创造性是很难实现的。人工智能的智能化表现仅仅是机器可以模仿人类的理性思维模式，并不能达到和人类一样的感性思维。

人工智能仅仅是物质世界范畴的概念，无法跨越到意识领域，而人脑却可以轻松应对这类问题。在这里我们也要注意：人工智能是模仿人类智能衍生而来的。直到今日，我们才具备了足够的技术实力去探索更加通用的人工智能机器，至于人工智能将来可否完全超越人类或者取代人类，这是更加复杂的问题，本书中不作进一步的探讨。

9.1.3　人工智能的分支领域与研究方向

随着人工智能的不断发展，人工智能已逐步成为一门独立的学科，无论在理论上还是工程上都自成体系，并且不断分化出新的分支领域和研究方向，同时有些技术和方法又相互结合、相互渗透。综合考虑人工智能的内涵、外延、原理、方法、理论、技术、表现和应用等，人工智能学科在研究内容上可以归纳为搜索与求解、知识与推理、学习与发现、发明与创造、感知与响应、理解与交流、记忆与联想、竞争与协作、系统与建造和应用与工程10个方面。这10个方面也是人工智能的10个主题或者说10个分支领域，它们构成了人工智能学科的总体架构。

1. 搜索与求解

在问题的求解过程中，大多数实际问题往往没有确定的算法，通常需要通过搜索算法来解决。搜索是指计算机或智能体为了达到某一目标而多次进行的某种操作、运算、推理或计算的过程。人工智能的研究实践表明，许多智力问题和实际工程问题的求解都可以总结为对某种图或空间的搜索问题。实际上，搜索也是人类在求解未知问题时所采用的一种普遍方法。因此，许多的智能活动甚至几乎所有智能活动的过程，都可以看作或者抽象为一个基于搜索的问题求解过程。因此，搜索技术就成为人工智能最基本的研究内容。

2. 知识与推理

在人工智能研究中，人们则更进一步领略到了"知识就是力量"这句话的深刻涵义。只有当我们具备了某一方面的知识，才可能解决相关的问题。所以，知识是智能的基础。那么，要实现人工智能，计算机就必须拥有存储知识和运用知识的能力。这就衍生出了面向机器的知识表示和相应的机器推理技术。由于推理是人脑的一个基本且重要的功能，因而在符号人工智能中几乎处处都与推理有关。这样，知识表示和机器推理就成为人工智能的重要研究内容。事实上，知识与推理也正是知识工程的核心内容。

3. 学习与发现

积累经验、发现规律和学习知识等这些能力都是智能的表现。那么，计算机要实现人工智能就应该具备这些能力。简单来讲，就是要让计算机或者说让机器具有自主学习能力，主要包括总结经验、发现规律、获取知识，然后再运用知识解决问题等。因此，关于机器的自主学习和规律发现技术就是人工智能的重要研究内容。

事实上，机器学习与知识发现是人工智能当前最热门的研究领域，并已取得相应成果。例如，基于神经网络的深度学习技术的出现和发展已将机器学习乃至人工智能及其应用提高到一个新的水平。

4. 发明与创造

显然，发明与创造应该是最具智能的体现。因此，关于机器的发明创造能力也应该是人工智能研究的重要内容。这里的发明创造是广义的，它既包括我们通常所说的发明创造，如机器、设备等的发明和革新，也包括软件、设计等的研制和技术、方法的创新以及文学、艺术的创作，还包括思想、理论、法规的建立和创新等。发明创造不仅需要知识和推理，还需要想象和灵感；它不仅需要逻辑思维，而且还需要形象思维和顿悟思维。所以，发明与创造应该说是人工智能中最具有挑战性的一个研究领域。计算模型、计算机辅助创新软件等是人们在这一领域取得的一些成就。但总地来讲，原创性的机器发明创造甚微，甚至还是空白。

5. 感知与响应

这里的感知指的是机器感知，就是计算机直接"感觉"周围世界，即像人一样通过感觉器官直接从外界获取信息，如通过视觉器官获取图形和图像信息；通过听觉器官获取声音信息等。与人和动物一样，机器对感知到的信息分析以后，也会作出响应。而机器感知和响应是拟人化智能个体或智能系统所不可缺少的功能组成部分。所以，机器感知与响应也是人工智能的研究内容之一。

其实，机器感知也是人工智能最早的研究内容之一，而且已经发展成为一个称为模式识别(Pattern Recognition，PR)的分支领域。这些年来，在深度学习技术的支持下，模式识别已取得了长足进步和发展，诸如图像识别和语音识别已经基本达到实用化水平，如我们常用的语音输入与二维码识别等。

6. 理解与交流

像人与人之间有语言信息交流一样，人机之间、智能体之间也需要有直接的语言信息交流。事实上，语言交流是拟人化智能个体或智能系统(如智能机器人)所不可缺少的功能组成部分。机器信息交流涉及通信和自然语言处理(Natural Language Processing，NLP)等技术。自然语言处理包括自然语言理解和表达，而语言理解是交流的关键。所以，机器的自然语言理解与交流技术也是人工智能的研究内容之一。

关于对自然语言处理的研究，人们先后采用基于语言学、基于统计学和基于神经网络机器学习的三种途径和方法。从目前的实际水平来看，基于神经网络的自然语言处理处于领先地位。

7. 记忆与联想

记忆是人脑的基本功能之一，人脑的思维与记忆密切相关。所以，记忆是智能的基本条件。在人脑中，伴随着记忆的就是联想，联想是人脑的奥秘之一。

分析人脑的思维过程可以发现，联想实际上是思维过程中最基本、使用最频繁的一种功能。例如，当人们听到一段乐曲，头脑中可能会立即浮现出多年前的某一个场景，甚至一段往事，这就是联想。所以，计算机要模拟人脑的思维就必须具有联想功能。但是机器的联想功能与人脑的联想功能相差甚远。研究表明，人脑的联想功能是基于神经网络的，按内容记忆方式进行，也就是说只要是与内容相关的事情，不管在哪里(与存储地址无关)，都可由其相关的内容呈现被想起。人脑对那些残缺的、失真的和变形的输入信息，仍然可以快速准确地输出联想响应。例如，人们对多年不见的老朋友(虽然面貌已经变化)仍能一眼认出。

总之，记忆和联想也是人工智能的研究内容之一，这也是一个富有挑战性的技术领域。

8. 竞争与协作

与人和动物类似，智能体之间也有竞争与协作关系。例如，机器人足球赛中同队的机器人之间是协作关系，而异队之间则是竞争关系。所以，实现竞争与协作既需要个体智能，也需要群体智能。这样，竞争与协作也就成了人工智能不可或缺的研究内容。

关于竞争与协作的研究，除了利用博弈论、对策论等有关理论来指导外，人们还从动物群体(例如蚁群、蜂群、鸟群和鱼群等)的群体行为中获得灵感和启发，然后设计相应的算法来实现智能体的竞争与协作。

9. 系统与建造

系统与建造是指智能系统的设计和实现技术，包括智能系统的分类、硬软件体系结构设计方法、实现语言工具与环境等。由于人工智能一般总要以某种系统的形式来表现和应用，因此，关于智能系统的设计和实现技术也是人工智能的研究内容之一。

10. 应用与工程

应用与工程是指人工智能的应用和工程技术研究，这是人工智能与实际问题的接口，应用与工程主要研究人工智能的应用领域、应用形式和具体应用工程项目等，其研究内容涉及问题的分析、识别和表示，相应求解方法和技术的设计与选择等。

随着人工智能的飞速发展，人工智能技术在实际生活中的应用也越来越多。所以，关于人工智能的应用与工程方兴未艾。其实，人工智能和实际问题也是相辅相成的。一方面，人工智能技术的发展使许多困难问题得以解决；另一方面，实际问题又给人工智能的研究不断提出新的课题。所以，应用与工程也是人工智能的重要研究内容之一。

9.2　机　器　学　习

对于人们来说，生活中的很多事情都是非常简单的。例如，在路上如何巧妙地避开障碍物？如何正确分辨出图片里的猫和狗？人们可以轻易地做到这些事情，但是对计算机来说却是非常困难的，因为在程序中并不能设定严格的知识和推理判断条件来解决这些问题。人类的很多知识和技能是通过学习获得的。为了让机器可以解决看似"简单"的问题，就需要让机器像人一样不断学习、总结和归纳。也就是说，编写的程序要具备学习的技能，这个技能能够让机器逐渐提升自己的能力，变得更加智能，这就是机器学习。

9.2.1　机器学习的概念

机器学习(Machine Learning，ML)就是让计算机也具有学习的能力，但什么是学习呢？这里我们需要知道两个概念，即输入和输出。输入是已知信息，输出是根据输入得到的最终结果。任何通过计算、判断等方式从现有信息中获得认知的过程都可以称为学习。所以，机器学习就是试图使计算机模拟人的学习行为，根据任务学习经验，在经验的基础上通过性能量度来提升完成任务的能力，并且不断改善，实现自我完善。

　　传统人工智能求解问题的方法是：用计算机事先编写一个确切的函数 f，它满足当输入是 x 的时候，输出的是 y，可以通过知识表示、推理和智能算法来为计算机建立这个函数 f，这就达到了机器学习的目的。如此看来，机器学习的程序也可以理解为一个很复杂的函数，函数的输入是可以观察到的数据，输出是对应的结果。例如，计算机识别图像中的猫和狗，可以将猫和狗的图片作为输入，输出是这张图片中是猫或者狗的结论，即 f(image) = 猫/狗。但是和传统人工智能求解问题的区别是，人们不知道这个函数里面的参数是什么，这不是通过传统的人为建模实现的，而是需要计算机自己不断地学习得到这些函数参数，也就是机器学习。机器学习的核心是使用大量的数据来训练，通过各种算法从数据中学习如何完成任务。因此，人工智能中的 x、y 和 f，可以理解为：将 x 作为输入、y 作为输出、f 则需要训练、选择或学习得到。例如，当输入一张图片经过 f 的运算发现判断错误的时候，就要调整 f 的参数，使 f 可以对新的图片作出正确的判断。随着不断地输入图片，f 的参数会被不断地调整，计算机不断地获得经验，判断的准确率也会慢慢地提升，这也就是机器"学习"的过程。

9.2.2　机器学习的分类

　　机器学习按照学习能力主要分为监督学习(Supervised Learning)、无监督学习(Unsupervised Learning)和强化学习(Reinforcement Learning)。监督学习和无监督学习的本质区别是对于输入是否有正确输出。监督学习的训练数据包含输入数据和期待的输出数据，例如，给定大量有标签(猫或狗)的图片，机器通过学习这些数据，实现识别图像中的猫或狗；无监督学习的训练数据只有输入数据，机器根据数据某些统计规律来调节参数或结构，例如，给机器提供大量文献，让机器自己学习并且将这些文献中描述相似的文献归为一类。通俗理解，监督学习是教机器学会某件事情；非监督学习让机器自己学会某件事情。

　　在机器学习中，我们还经常听到强化学习，它是机器学习的范式和方法论之一。强化学习用于描述和解决智能体在与环境的交互过程中通过学习策略达成回报最大化或实现特定目标的问题，也就是从环境到行为(决策)映射的学习，也称为再励学习、评价学习或增强学习。强化学习的特点是通过试错的方法来发现最优策略，具有很强的环境自适应能力。它通过环境提供的强化信号对行为的好坏进行评价，进而对行为进行改进，产生正确的行为。所以，强化学习不需要特定领域的先验知识，通过试错的方式与环境交互获得策略的改进，调整行为以适应环境，如图 9-1 所示。

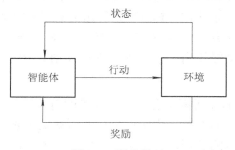

图 9-1　强化学习

9.2.3　KNN 算法

KNN 算法全称为 K-Nearest Neighbors，即邻近算法，可以说是最简单的分类算法之一，同时，它也是最常用的分类算法之一，KNN 算法是有监督学习中的分类算法。

KNN 算法的核心思想是：如果一个样本和在特征空间中的 K 个最相邻的样本中的大多数属于某一个类别，则该样本也属于这个类别，并具有这个类别上样本的特性。该方法在确定分类决策上只依据最邻近的一个或者几个样本的类别来决定待分样本所属的类别。

1. KNN 算法实例

结合图 9-2，将 KNN 的算法过程介绍如下：

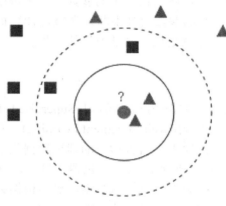

图 9-2　KNN 样例图

从上图中我们可以看到，图中的数据集是良好的数据，一类是正方形，一类是三角形，其中，圆圈内是我们待分类的数据。如果 K=3，那么离圆心最近的有 2 个三角形和 1 个正方形，经过这 3 个点的投票，于是这个待分类点属于三角形；如果 K = 5，那么离圆心最近的有 2 个三角形和 3 个正方形，经过这 5 个点的投票，于是这个待分类点属于正方形。由此我们可以看出，KNN 算法本质是基于一种数据统计的方法，其实很多机器学习算法都是基于数据统计的。KNN 算法没有明显的前期训练过程，而是在程序开始运行时把数据集加载到内存，不需要进行训练，就可以开始分类。具体是当每次出现一个未知的样本点，就在该样本点附近找 K 个最近的点进行投票。

从这个例子中就能看出 K 的取值是很重要的。那么如何确定 K 的值呢？答案是通过交叉验证(将样本数据按照一定比例，拆分出训练用的数据和验证用的数据，比如按 6：4 拆分出部分训练数据和验证数据)，从选取一个较小的 K 值开始，不断增加 K 的值，然后计算验证集合的方差，最终找到一个比较合适的 K 值。

2. KNN 算法分析

KNN 算法中，所选择的邻居都是已经正确分类的对象。该方法在定类决策上只依据最邻近的一个或者几个样本的类别来决定待分样本所属的类别。由于 KNN 算法主要靠待分类点周围有限邻近样本的类别，而不是靠判别类域的方法来确定所属类别的，因此对于类域的交叉或重叠较多的待分样本集来说，KNN 算法较其他方法更为适合。

　　该算法主要存在两大问题，一是当样本容量不平衡时，如一个类的样本容量很大，而其他类的样本容量很小时，有可能导致当输入一个新样本时，该样本的 K 个邻居中大容量类的样本占多数。这时可以采用权值的方法(和该样本距离小的邻居权值大)来改进；二是计算量较大，因为对每一个待分类的样本都要计算它到全体已知样本的距离，才能求得它的 K 个最近邻点。目前常用的解决方法是事先对已知样本点进行剪辑，事先去除对分类作用不大的样本。该算法比较适用于样本容量比较大的类域的自动分类，而那些样本容量较小的类域若采用这种算法比较容易产生误分类。

　　总地来说，就是在一个带标签的数据库中，首先输入没有标签的新数据后，将新数据的每个特征与样本集中数据对应的特征进行比较，然后通过算法提取样本集中特征最相似(最近邻)的分类标签。一般来说，只选择样本数据库中前 K 个最相似的数据。最后，选择 K 个最相似数据中出现次数最多的分类。其算法描述如下：

　　(1) 计算已知类别数据集中的点与当前点之间的距离；

　　(2) 按照距离递增次序排序；

　　(3) 选取与当前点距离最小的 K 个点；

　　(4) 确定前 K 个点所在类别的出现频率；

　　(5) 返回前 K 个点出现频率较高的类别，该类别作为当前点的预测分类。

9.3　人工智能的应用

　　人工智能的应用十分广泛，下面仅介绍其中一些重要的应用领域和研究课题。

9.3.1　机器博弈

　　机器博弈是人工智能最早的研究领域之一。

　　早在人工智能学科建立的 1956 年，亚瑟·塞缪尔就成功编写了一个跳棋程序。1959 年，装有这个程序的计算机击败了塞缪尔本人，1962 年又击败了美国一个州的跳棋冠军。2016 年至 2017 年 DeepMind 研制的围棋程序 AlphaGo 更是横扫人类各路围棋高手。人工智能发展到现在，在棋类比赛的应用上，可以说计算机或者人工智能已经彻底战胜了人类。

　　机器人足球赛是机器博弈的另一个应用。近年来国际上不断涌现机器人大赛，并且这些赛事也普及到世界上的众多院校，同时激发了大学生们的极大兴趣和热情。

　　事实表明，机器博弈现在不再仅是人工智能专家们研究的课题，而是已经进入了人们的文化生活。机器博弈是对机器智能水平的测试和检验，它的研究将有力推动人工智能技术的发展。

9.3.2　机器翻译与机器写作

　　对机器翻译的简单理解就是用计算机进行不同语言之间的自动翻译。早在电子计算机问世不久，就有人提出了机器翻译的设想。20 世纪 80 年代，基于统计学的方法被引入机器翻译，机器翻译有了巨大的进步和发展。近年来，深度学习、神经网络机器学习的再度兴起又给机器翻译带来了新的繁荣。据报道，在新闻稿的英汉互译方面，机器翻译已达到甚至超过人类专家水平。总之，在基于规则、基于统计和基于联结的三大自然语言处理方法和学派的轮番攻关下，机器翻译质量不断提高，现已逐步进入实用化阶段。然而，在一些专业性较强的翻译领域，还需要三大学派继续联合攻关。

另一方面，机器人写新闻稿(即用计算机自动生成新闻稿)、机器人写诗已经不是新闻了。ACL 2019(计算语言学协会第 57 届年会)录用的题为《论文机器人：增量生成具有科学观点的提纲》(*PaperRobot：Incremental Draft Generation of Scientific Ideas*)的论文中，介绍了一个最新开发的 PaperRobot(论文机器人)，它能实现从观点、摘要、结论到"未来研究"的自动生成，甚至还能写出下一篇论文的题目，此事在推特上引起大量关注。研究者还对这个论文生成器进行了图灵测试，结果认为 PaperRobot 生成的论文要比人类写得更好。

9.3.3　专家系统

专家系统(Expert System，ES)是人工智能研究中的一个最重要的分支，它实现了人工智能从理论研究走向实际应用、从对一般思维方法的探讨转入运用专门知识求解专业问题的大突破。

专家系统是一种具有大量专业知识与经验的智能程序系统，它能运用领域内一位或者多位专家多年积累的经验和专门知识，模拟领域专家思维过程，解决该领域中需要专家才能解决的复杂问题。

不同领域和不同类型的专家系统，由于实际问题的复杂度、功能的不同，在实现时其实际结构存在着一定的差异，但从概念组成上看，其结构基本不变。如图 9-3 所示，一个专家系统一般由知识库、全局数据库、推理机、解释机制、知识获取和用户界面六个部分组成。

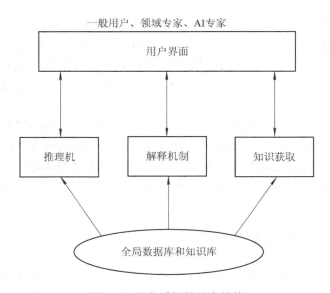

图 9-3　专家系统的基本结构

专家系统具有如下六个特点：

(1) 具有专家级的专业知识。专家系统中的知识库是专家经过多年积累形成的专业知识，是专家系统的基础，知识库的数量和质量决定系统的性能，是专家系统的核心。专家系统的知识库可以是关于一个领域或特定问题的若干知识的集合体，它可以向用户提供超过咨询单个专家时获取的经验和知识。专家系统中的全局数据库简称数据库，存储的是有关领域具体问题所提供的初始事实、问题求解过程所产生的中间结论与最终结论等，它相当于专家系统的工作存储区，存放用户回答的事实、已知的事实和由推理得到的事实。由于全局数据库的内容在系统运行期间是不断变化的，所以也叫动态数据库。

(2) 能进行有效推理。推理机就是完成推理过程的程序，它由一组用来控制、协调整个专家系统方法和策略的程序组成。专家系统可以根据用户提供的已知事实，运用知识库里面的知识进行推理，实现对问题的求解。

(3) 启发性。专家系统利用经验对求解问题作出多个假设，依据某些条件选定一个假设，使推理继续进行。

(4) 灵活性。专家系统的知识库与推理机既相互联系又相互独立。相互联系保证了推理机利用知识库中的知识进行推理，实现对问题求解；相互独立保证了当知识库做适当修改和更新时，只要推理策略不变，推理机部分就不变，使系统易于扩充，具有较大的灵活性。

(5) 透明性。专家系统一般都有解释机构，即解释机制。人们使用专家系统求解问题时一般不仅要知道正确答案还要知道得出该答案的依据，解释机构向用户解释推理的过程。

(6) 交互性。专家系统具有良好的人机交互界面：一方面需要与领域专家和知识工程师进行对话以获取知识；另一方面需要不断从用户那里获取所需的已知事实，并回答用户提问。由于专家系统的开发不是追求通用的问题求解系统，而是解决特定领域里需要借助专家知识进行求解的问题，有利于加快系统的开发。因此，对专家系统的分类，可以按不同角度进行，有的按应用领域分类，如医学和地质等；有的按任务类型分类，如解释和预测等；有的按实现方法和技术进行分类，如演绎型和工程型等。当然这些分类标准不是绝对的。其中，人们在化学、医学和地质学等领域中开发应用专家系统的实践证明，专家系统可以在一定程度上达到其至超过领域专家水平。比较成功的专家系统有 1968 年美国斯坦福大学开发的 DENDRAI 化学质谱分析专家系统、1971 年美国麻省理工学院开发的 MACSYMA 符号数学专家系统、1973 年美国斯坦福大学开发的 MYCIN 疾病诊断和治疗细菌感染性血液病的专家咨询系统和 1976 年美国斯坦福大学开发的 PROSPECTOR 地质勘探专家系统。

9.3.4 智能控制

智能控制就是指把人工智能技术引入控制工程领域，建立智能控制系统。智能控制具有两个显著的特点：第一，智能控制是同时具有知识表示的非数学广义世界模型和传统数学模型表示的混合控制过程，也往往是含有复杂性、不完全性、不确切性或不确定性以及不存在已知算法的过程，并以知识进行推理，来引导求解过程；第二，智能控制的核心在高层控制，即组织级控制，其任务在于对实际环境或过程进行组织，即决策与规划，以实现广义问题求解。

智能控制系统的智能可归纳为以下四个方面。

(1) 先验智能：有关控制对象及干扰的先验知识，可以从一开始就考虑到控制系统的设计中。

(2) 反应性智能：在实时监控、辨识及诊断的基础上，对系统及环境变化的正确反应能力。

(3) 优化智能：包括对系统性能的先验性优化及反应性优化。

(4) 组织与协调智能：表现为对并行耦合任务或子系统间的有效管理与协调。

本 章 习 题

1. 什么是人工智能？

2. 从研究内容看，人工智能有哪些分支领域和研究方向？

3. 假设给定大量(房屋面积和价格)数据，让计算机学习这些数据，当给计算机一个房屋面积时，它便可以预测出房屋价格。这是监督学习还是无监督学习？

4. 新型冠状病毒肺炎在全球范围内爆发，讨论人工智能在疫情时期发挥的作用。

5. 请查找你所学专业的人工智能系统实例，思考它解决了什么问题，以及系统各部分的组成和功能是什么？

参 考 文 献

[1] 李霞. 大学计算机基础. 西安：西安电子科技大学出版社，2016.
[2] 岳琪，禹谢华. 大学计算机. 北京：航空工业出版社，2019.
[3] 汤小丹，梁红兵. 计算机操作系统. 4 版. 西安：西安电子科技大学出版社，2018.
[4] 谢希仁. 计算机网络. 7 版. 北京：电子工业出版社，2017.
[5] 特南鲍姆，韦瑟罗尔. 计算机网络. 5 版. 北京：清华大学出版社，2021.
[6] 朱海波，辛海涛，刘湛清. 信息安全与技术. 2 版. 北京：清华大学出版社，2019.
[7] 刘洪亮，杨志茹. 信息安全技术(HCIA-Security). 北京：人民邮电出版社，2019.
[8] 孙宇熙. 云计算与大数据. 北京：人民邮电出版社，2017.
[9] 林康平，王磊. 云计算技术. 北京：人民邮电出版社，2021.
[10] 维克托·迈尔·舍恩伯格，肯尼思·库克耶. 大数据时代. 杭州：浙江人民出版社，2013.
[11] 华为区块链技术开发团队. 区块链技术及应用. 北京：清华大学出版社，2019.
[12] 王峰，邓鹏，沈冲. 区块链通识课 50 讲. 北京：清华大学出版社，2021.
[13] NTT DATA 集团. 图解物联网. 北京：人民邮电出版社，2017.
[14] 丁飞，张登银，程春卯. 物联网概论. 北京：人民邮电出版社，2021.
[15] 廖建尚. 物联网工程规划技术. 北京：电子工业出版社，2021.
[16] 李德毅. 人工智能导论. 北京：中国科学技术出版社，2018.
[17] 皮埃罗·斯加鲁菲. 人工智能通识课. 北京：人民邮电出版社，2020.
[18] 蔡自兴，刘丽珏，蔡竞峰，陈白帆. 人工智能及其应用. 6 版. 北京：清华大学出版社，2020.